Friedrich Dernburg.

Auf Deutscher Bahn

in

Kleinasien.

Eine Herbstfahrt.

Zweite Auflage.

Springer-Verlag Berlin Heidelberg GmbH
1892

ISBN 978-3-662-33741-7   ISBN 978-3-662-34139-1 (eBook)
DOI 10.1007/978-3-662-34139-1

Additional material to this book can be downloaded from http://extras.springer.com

Vorwort zur zweiten Auflage.

Dies Büchelchen hat rasch eine zweite Auflage er=
fordert. Aber nicht rasch genug, um nicht der russischen
Regierung Zeit zu lassen, durch neue und verschärfte
Maßregeln gegen die deutschen Ansiedler in Rußland
dem, was ich über die Aussichten der Ansiedlung von
deutschen Landwirthen in Anatolien gesagt habe, eine
verstärkte Aktualität zu geben.

Ich darf annehmen, daß die tüchtigen Menschen, denen
der ungastlich gewordene Boden Rußlands in jeder Rich=
tung mehr und mehr versagt, in den Obst= und Wein=
gefilden des Saccariathals und auf den weiten Getreide=
böden der anatolischen Hochebene willkommen sind; daß
sie in diesem alten Kulturlande, in ihrem Volksthum und
ihrem Glauben unangetastet, sich eine neue Heimath
gründen können.

Die Frage des Gelingens ist dann vor allem die
der richtigen Organisation.

Diese indeß ist entscheidend.

Ostern 1892.

Friedrich Dernburg.

Inhalt.

I.

Auf der anatolischen Bahn.

Biledjik-Köplü, 8. September.

Auf deutscher Bahn in Kleinasien!

Ich gestehe, daß mich der Gedanke anspricht.

Große Völker sollen es zwar nicht machen wie Klein=
ännchen, das sich bewundernd vor seine Arbeit stellt und
gar nicht zur Besinnung kommen kann über das, was es
gemacht hat.

Warum uns aber nicht freuen, wenn uns einmal ein
guter Wurf gelungen ist?

Und das ist hier in Kleinasien oder Anatolien, wie
es die Türken nennen, der Fall.

Mit der Erbauung der Bahn vom Bosporus bis
Angora haben die Deutschen ein nützliches und schönes
Werk gethan. Das deutsche Kapital hat seine Initiative
bewährt, die deutsche Industrie ihre Leistungskraft, die
deutschen Ingenieure ihr Meisterthum.

Und gern begrüßt man hier auch die Angehörigen
anderer Nationen, die unter deutscher Leitung zu ge=
meinsamer Arbeit verbunden wirken. Zu dieser Inter=
nationalität darf man sich ohne Weiteres bekennen . . . .

Die Civilisation fluthet bekanntlich von Westen nach Osten, nach ihrem Ausgangspunkt zurück. Sie hat den Bosporus übersetzt und macht mit der anatolischen Bahn einen scharfen Vorstoß nach Kleinasien hinein.

Wohin?

Vielleicht einst bis Bagdad und an das indische Meer. Zunächst mit dem Zielpunkt Angora.

Auf diesem Weg ist die Civilisation bereits bis Bi=lebjik vorgedrungen.

Der Eisenbahnbetrieb endet jetzt noch hier, im Früh=jahr wird er Eskischehir, die dem Raucher theure Stadt des Meerschaums erreichen. So liegt die Civilisation zunächst noch in Kriegsquartieren um den Bahnhof von Bilebjik.

Dieser Bahnhof ist für zwei Orte bestimmt, für die Stadt Bilebjik, die auf der Höhe liegt, und das im Thal des Karasu sich hinziehende Köplü.

Den Platz vor dem Bahnhof finden wir vollgestaut mit Getreidesäcken. Auf jedem freien Raum in der Nähe, unter den riesigen Platanen und Nußbäumen sieht man dichte Karavanen zusammengefahrener kleiner, mit Büffeln bespannter Wagen, die das Getreide viele Tagereisen weit herbeischleppten. Die Führer kauern in Gruppen neben=einander, schlanke, kräftige Männer, die ihre bunten Lumpen malerisch zu arrangiren wissen. Die Bahnhofs=wächter treiben zum Aufbruch, denn die Züge wollen immer noch nicht enden, es muß Platz für die Nachfolger geschaffen werden.

Vom frühen Morgen bis tief in die Nacht hinein hört man das Knarren der Räder auf der Straße von

Köplü, die Büffel sind kleine, schmächtige Thiere, und mehr wie zwei oder drei große Säcke schleppt keiner der Karren.

Eine ohrenzerreißende Musik.

Die Hauptschwierigkeit für den Kutscher des Landauers, der uns nach Köplü fährt, ist es denn auch, sich mit diesen Karavanen auseinanderzusetzen. Der Weg ist schmal und für diese Büffel ist ein Landauer eine neue Er= fahrung, der sie erst noch gerecht zu werden lernen müssen.

Denn wir fahren in wirklichen Landauern — Männer von Brussa haben sie hergebracht — Wagenlenker, die mit Wiener Fiakern in der Findigkeit, auf thalergroßem Raum zu drehen, sich messen können.

Wir fahren an einem Dutzend Hotels vorbei. Jede Kneipe erhebt hier den Anspruch, ein Hotel zu sein, und hat sich mit großklingendem Namen geschmückt: Hotel de l'Union, de l'Europe, Hotel des Etrangers — keine Großstadt weist eine bessere Nomenklatur auf. Der letzte Gasthof ist der beste — Hotel Evrard; vor ihm halten wir.

Aber er ist bereits überfüllt.

Ein Gasthof in Köplü, mitten in Kleinasien, über= füllt! Man denke!

Aber es ist wirklich so: die Schüler der Ingenieur= schule von Konstantinopel sind unter Leitung des Pro= fessors Land, eines Deutschen, eingetroffen, um die neuen Bahnbauten zu besehen, die besonders hinter Biledjik großartig sein sollen. Ich werde davon noch zu erzählen

haben. Einstweilen füllen die jungen Fezträger zusam=
men mit den sonstigen Reisenden das Hotel.

Wir wenden wieder um und gelangen, unsere An=
sprüche Schritt um Schritt zurücksteckend, an anderen,
gleichfalls überfüllten „Hotels“ vorbei, an das Hotel
be l'Orient. Hier kehren wir ein.

Unser Wirth ist ein Albanese aus Prevesa, der sich
einen Griechen nennt, ein gutmüthiger, freundlicher Kerl,
der alle Bequemlichkeiten seines Hotels bereitwillig zu
unserer Verfügung stellt.

Das Hotel zerfällt in zwei Abtheilungen.

Unten eine große, weißgetünchte Halle mit roher
Holzdecke und durch ein paar Petroleumlampen hell er=
leuchtet.

Oben eine Reihe von Verschlägen mit Schlaf=
stellen.

Beim Eintritt in die Halle leuchten uns die Oel=
druckbilder Kaiser Wilhelms und der Kaiserin Victoria
Augusta entgegen, dazwischen der Herzog von Sparta mit
seiner Gemahlin. Mit diesen Familienverhältnissen weiß
der Prevefer genau Bescheid und erzählt mit Hochgefühl
davon. Weiter befindet sich auch die Schützenliesel unter
dem Wandschrank und präsentirt mit dem bekannten Luft=
sprung ihren erstaunlichen Krügevorrath.

Ueber die sonstigen Eigenschaften dieses Hotels gehe
ich mit mildem Schweigen hinweg.

Hotel be l'Orient. Die Flagge deckt die Waare...

Steil und massig erheben sich die grauen Kalkstein=
wände über dem mäßig breiten Thal, das der Karasu
durchfließt. Von diesem Gewässer sieht man nicht viel —

es ist das allerdings kein Verlust für das Auge, denn das Wasser ist grau und schmutzfarbig — mit Wehren und Stauwerken aller Art versteht man es festzuhalten und es in zahllose Kanäle zu vertheilen — nebenbei besorgt es in primitiver, aber sehr erfolgreicher Weise Kanalisation und Straßenreinigung von Köplü. Mit allen diesen Elementen bereichert, schafft der Karasu den Zaubergarten, diese endlose Fluth von Grün, das dicht, lückenlos das Thal erfüllt, überreich, auseinanderquellend, wo das Thal sich erweitert, sich dann wieder zusammenziehend.

Die Maulbeere führt die Hauptrolle in diesem grünen Meer, denn wir sind in der Gegend des Seidenbaues, dann die Rebe, Aepfel, dickköpfige Quitten, Pfirsiche.

Hier und da ragt eine Cypresse oder eine Pappel heraus.

Das Wahrzeichen des Thals ist ein gewaltiger in die Mitte gelagerter häuserhoher Kalksteinblock. An ihn angeschmiegt eine Moschee mit Minaret, von dem der Muezzin zum Gebet ruft, daneben das Hotel Evrard, wo bald darauf das Zeichen gegeben wird, das kein hungriger Reisender überhört — zu Tische.

Orient und Occident!

Arbeitet sich in Amerika eine Bahn durch die Prärieen und Gebirge durch, welche den Osten von dem far West trennen, so wird jede zeitweilige Endstation der Schauplatz eines wildpulsirenden Lebens. Neben dem Hotel siedelt sich die Spielerkneipe, der Tingeltangel an, Händler kommen in Schaaren, ihre buntschreienden Schilder verkünden das Eintreffen des größten Magazins der Welt auf dem Platz, wo vor Kurzem noch die Prärienwölfe sich Rendezvous gaben. Eine Zeitung, eine Konkurrenz= zeitung und eine Bank sind alsbald geschaffen. Der Mann des Westens ist ein Genußmensch, er sucht die größte Summe von Wohlbefinden, wenn es auch noch so roh ist, wenn er es auch durch eine gewaltige An= strengung erkaufen muß.

Anders in dem ehrbaren, bedürfnißlosen Osten, der selbst den Fremden, die in ihm zu arbeiten kommen, ein eigenes Gepräge aufdrückt.

Die Gesellschaft von Europäern, die sich über Köplü ergossen hat, ist in besonderer Weise zusammengesetzt, wenn auch hier das deutsche Element die führende Rolle hat. Von Konstantinopel aus leiten Deutsche, der Generaldirektor der Bahngesellschaft Herr v. Kühlmann und der Direktor der Bauentreprise, Herr Kapp, diese Hand in Hand arbeitenden Unternehmen.

Herr v. Kühlmann, ein Baier, vielgenannt und be= währt in den politischen Kämpfen der sechziger und sieb= ziger Jahre, mit freundlicher und sicherer Ruhe das Szepter führend, durch die Irrgärten türkischer Verwal= tung sich klug und energisch durchführend. Herr Kapp, ein Schwabe, in der Vollkraft der Jahre, fest zugreifend und kräftig vollendend. Zwei Männer, die sich vortreff= lich zu ergänzen scheinen und denen ich für so viele För= derung, die ich bei meinen Kreuz= und Querzügen in Kleinasien finde, herzlich verbunden bin.

Unter diesen Leitern arbeitet ein Stab von Beamten, bunt zusammengesetzt, aus Männern aller Herren Länder, aus Westen und Osten, Deutsche, Franzosen, Belgier,

Schweizer, Italiener, Russen, Rumänen, Griechen, Ar=
menier — ich habe damit schwerlich alle Nationalitäten
erschöpft, die sich zu friedlichem Kulturwerk hier zu=
sammen gefunden haben.

Bunter womöglich sind die Schaaren der Arbeiter,
Piemontesen, Kroaten, Armenier, Griechen, Türken,
Orientalen aller Art, welche die Tunnels graben und
mauern, an den Gerüsten hängen, die Brücken montiren,
die Erde bewegen, Schienen und Schwellen legen, die
zahllosen Aufgaben lösend, die der Bau einer Gebirgs=
bahn auflegt.

Denn eine Gebirgsbahn und eine ungemein kühne ist
gerade der Abschnitt, vor dem sich Biledjik erhebt. Die
Schüler der Ingenieurschule von Konstantinopel, von
denen ich oben gesprochen habe, widmen sich bereits seit
mehreren Tagen dem Studium der Strecke.

Wir besteigen Pferde und folgen ihnen die steilen
Hänge hinauf, an denen sich der Bahnbau hinwindet.

Es sind vertrauenswerthe, ausdauernde und gutge=
artete Geschöpfe, diese kleinen türkischen Pferde mit dem
feinen Kopf und dem stolzgetragenen Schweif, die Sehnen
wie aus Stahl.

Sie klettern Höhen hinauf, bei denen einem Manne
das Steigen schwer würde, sie marschiren am schmalen
Rand der Böschungen neben den Schienen her, sie steigen
über die Schwellen, passiren durch dunkle Tunnels, über
halbfertige Brücken — eine ganz neue Spezialität —
Eisenbahnpferde, die unentbehrlichen Arbeitsgenossen der
Bauleiter.

Wie sie vorsichtig und besonnen das coupirte Terrain

begehen, so jagen sie lustig und temperamentsvoll dahin, wenn eine glatte Bahn vorliegt.

Auf eine technische Beschreibung der Bauten, die wir beschauten, lasse ich mich nicht ein. Nur eine künstlerische Bemerkung will ich versuchen.

Auch in der Technik giebt es eine Aesthetik.

Die Herausbildung dieser eigenen Art von Schönheit ist vielleicht gerade die Aufgabe unserer Zeit, die sich mit einem so unermeßlichen Aufwand von Fleiß und gutem Willen, mit einer solchen Leidenschaft, in der Kunst auf einen unmöglichen Realismus werfen will.

Denn es bewegt und treibt unsere Zeit das Gefühl, daß es etwas Neues, noch Ungefundenes, Unausgesprochenes, auszusprechen giebt und daß dies vor Allem gesucht wer=
den muß.

Zu welchen Abenteuerlichkeiten führte diese Suche!

Wie sie sich mühen und abarbeiten und das Schöne, die geflügelte Göttin, im Staube suchen.

Was unsere Kunst, nach einer neuen Sprache ringend, nur erst mühsam stammelt, das spricht die Technik mit einem vollen Akkord aus. Man sehe diese Brücke bei Köplü Baschköi.

Von der Höhe herab kommt der breite tiefe Ein=
schnitt eines Bergwassers; wie mit spielender Leichtigkeit setzt ein einziger großer Bogen von zweiundsiebenzig Meter in einer Spannung von hundertundfünfzig Metern in ansteigender Richtung hinüber, so leicht, so graziös! Das Auge erfreuend und den Sinn befriedigend.

Wieder zeigt sich ein Hinderniß; diesmal ist es ein mittleres Thal von minderer Tiefe, aber es fällt in eine

Curve der Bahn und in eine starke Steigung — drei
Hindernisse in einem! Hier hat die Nothwendigkeit ge=
boten, der auf Pfeilern ruhenden Brücke eine sanfte
Biegung und eine Ansteigung zu geben.

Ein Vergnügen, das zu sehen.

Das Schöne ist so einfach wie das Wahre . . . .
Man freut sich mit denen zu verkehren, die so etwas er=
finden und ausführen!

An demselben Tage hatte ich noch einmal Gelegen=
heit, die Europäer in Köplü zusammenzusehen. Eine
traurige Gelegenheit freilich. Ein Franzose, bei einem
Bauloos betheiligt, war gestern an einem Schlaganfall
plötzlich gestorben — er wurde schon heute in fremder
Erde bestattet —, gefallen auf der Jagd nach dem Glück.

Durch die lange schmale Straße bewegte sich der Zug.

Schon von ferne hörte man das eintönige Psalmo=
diren der griechischen Priester, die ihn führten. Die Be=
wohner der Straßen, Türken und Griechen, hatten sich
andächtig und neugierig um die Thüren ihrer Hütten
und Häuser gruppirt.

Von Zeit zu Zeit ziehen sich die Reben, welche ein
Haus bewachsen, nach dem gegenüberliegenden Hause
hinüber.

Unter diesen Festons und Triumphbogen durch be=
wegte sich der Leichenzug, die Priester in ihren grauen
goldgestickten Gewändern, der mit silbergesticktem Bahr=
tuch überzogene Sarg von brennenden Kerzen umgeben
— alles glänzend, farbenreich, dann hinter dem Sarge
die Europäer, die meisten gerade, wie sie von der Arbeit
kamen, alle mit Hüten — den Fez trägt hier kein Euro=

päer, den sein Amt nicht dazu verpflichtet, nur Lehmann aus Berlin kauft sich alsbald im Bazar einen Fez und dünkt sich alsdann Lehmann Pascha . . .

Wie grau und ernst hob sich dieser Zug kräftiger verschlossener Männer von der farbigen Umgebung ab, die Träger der Kultur, der scharfen und exakten Arbeit, die auch dieser Landschaft ein neues Leben bereiten soll. Oberingenieur Gädertz führte diese Schaar, unser liebens= würdiger Reisegenosse aus Konstantinopel, der mit un= ermüdlichem Eifer über den Bau wacht und dessen so verschiedenartige Elemente zusammenhält.

Was mochten die alten Türken denken, die vor dem Kaffeehaus kauernd, die Spitze der Wasserpfeife einen Augenblick aus dem Munde nahmen und trägen Blickes dem Leichenzug nachsahen und den Männern, die ihn schließen? . . .

Auch Biledjik haben wir besucht, die Stadt, die etwa fünf Kilometer von der Station auf dem Bergabhang liegt. Auch hier der Gegensatz zwischen der kahlen Höhe und dem in üppiger Fruchtbarkeit schimmernden Thal, aus dem sich die weißen Minarets erheben.

Es ist ein gewerbfleißiger Ort, von Armeniern und Türken bewohnt, wie das unten liegende Köplü von Griechen und Türken. Sie halten sich scharf auseinander, die Griechen und die Armenier, so ähnlich ihre Geschäfts= prinzipien auch sind, vielleicht gerade deshalb. In Biledjik ist Seidenzucht und Spinnerei das Hauptgewerbe, so ist auch der Maulbeerbaum in der grünen Fluth hier vorschlagend.

Auf dem Marktplatz steht ein großer marmorner

Sarkophag aus spätrömischer Zeit geringer Arbeit. Er dankt diese Ausdehnung seiner Existenz dem Umstand, daß er als Brunnen Benutzung gefunden hat, auf Meilen weit der einzige Ueberrest früherer Kulturen.

Insoweit ein melancholischer Anblick.

Unser Unternehmen, die Steinmasse zu photographiren, wurde mit Beifall von der Marktversammlung aufgenommen, sie wußte die Ehre, die Biledjik angethan wurde, zu würdigen. Der Eifer, mit dem die Einen uns immer vor der Zudringlichkeit der Anderen beschützen wollten, hatte uns bald in einen dichten Klumpen verwickelt.

Da nahte gewichtigen Schrittes der Polizeioffizier des Ortes, und auseinander stob die Menge vor dem erhobenen Stock — selbst die hartnäckigsten Jungen verdufteten wie durch Zauber.

Offenbar kannten sie diesen Stock.

Der Würdige geleitete uns nach der Spitze des Hügels, wo sich ein stattlicher Neubau erhebt, der Regierungspalast, der Konak des Paschas, welcher das Sandschack (Regierungsbezirk) Erthogrul regiert, ein Theil des Vilajets Brussa, Hudavendighiar genannt. (Ich bitte den Setzer um Entschuldigung, es heißt wirklich so.)

Die Sonne der Huld des Sultans liegt voll auf diesem Sandschack; es ist ein besonderer Vertrauensposten, den der Pascha desselben einnimmt. Erthogrul hat Sultan Hamid den Regierungsbezirk Biledjik umgenannt nach dem Namen eines Stammherren des Osmanenthums, der in Söghüd, einige Stunden von Biledjik, in einem hochgefeierten Grabmonument begraben

liegt. Noch manche andere Erinnerung an die Helden=
gestalten des Osmanenthums knüpft sich an Stadt und
Umgebung, und die Hütung dieser Schätzung ist dem
Pascha auf die Seele gebunden.

Eine neue Aufgabe für einen türkischen Pascha.

Wir traten durch das stattliche Eingangthor des
Konaks in den Hof, in welchem ein Springbrunnen eine
angenehme Kühle verbreitete. Rechts der einstöckige
Wohnungsbau, gegenüber die Bureaus, daranstoßend eine
neue Moschee, im Hintergrunde eine Mauer, über die sich
blühende Schlinggewächse werfen, mit geheimnißvollen,
halb geöffneten Thüren.

Man könnte an das Harem denken. Aber es ist
nicht an dem. Wir wissen das schon besser.

Der Pascha hat sich in der dem modernen Türken so
schwierigen Wahl zwischen Vielweiberei und Monogamie
zu einem noch Moderneren entschieden. Er hat sich
nämlich gar nicht verheirathet, er ist Junggeselle geblieben
und hält sich nur eine griechische Köchin oder Haus=
hälterin, der die Diener ihrer Herrschaft die Vorzüglichkeit
ihrer Küche dankten. Etwas ähnliches habe ich schon einmal
in einem russischen Gouvernementspalast erlebt. Vielleicht
ist es auch schon anderswo vorgekommen.

Leider haben wir nicht die Bekanntschaft dieser
bevorzugten Dame oder ihrer Küche gemacht. Wir
mußten uns mit der Versicherung begnügen, daß beide
ihren Ruf verdienen.

In dem ganzen Anwesen herrscht Zug; man sieht
das in dem eifrigen und bescheidenen Wesen der Be=
diensteten. Eine große Treppe führt breit ausgelegt in

die Empfangszimmer des ersten Stockes, geräumige Säle mit Matten ausgelegt, ohne jedes Möbel als an den Wänden sich hinziehende Sitzbänke, hier und da ein kleiner Teppich, alles kühl und luftig, eine rechte Sommerwohnung. Auch fehlt es uns nicht an einem Grund oder wenn man will, einem Vorwand, den Pascha selbst zu sehen; wir wollen den Konak photographiren und namentlich die Lieblingsschöpfung des Würdenträgers, seine Moschee.

Dazu bedarf es seiner speziellsten Erlaubniß.

Und so erschien er denn.

Ein stattlicher Herr mit starkem Gesicht, freundlich ruhigem Blick, der kurzgehaltene Bart schon schlohweiß, obgleich die allgemeine Meinung dem Pascha wenig über vierzig Jahre giebt. Der Würdige trug eine Art weißer Nachtmütze, ein leinenes Hemd über, einen blauen Kittel und eine breite Schärpe um den ansehnlichen Bauch. Der Mann hat in der That das Ansehen eines Philosophen und man glaubt leicht alles Gute, das von ihm gesagt wird — ein Pascha ohne Schulden und dem Bakschisch unzugänglich, aber auf das Seinige haltend und ein genauer Hausherr.

Die Frage, wie uns Biledjik und namentlich die Moschee gefalle, erledigten wir günstig, und so erhielten wir auf das Freundlichste die Erlaubniß zu photographiren, so viel wir wollen. Nur eine Kopie unserer Aufnahmen behält sich der Pascha vor, wie wäre er sonst Pascha! Er ist auch unterrichtet genug, um zu wissen daß wir ihm das gern Versprochene erst von Berlin schicken können. Aber er wird es sicher erhalten.

Damit verabschiedeten wir uns von Fuad Pascha — dies ist sein Name — photographirten die Moschee, die sehr schön bunt angemalt ist, und in welche die Munifizenz und Frömmigkeit der anatolischen Bahn eine Anzahl schöner Krystallleuchter gestiftet hat, was ihr Allah im Diesseits und Jenseits mit Dividenden und anderem Guten gnädig vergelten möge.

In einem Pavillon des Gartens des Konak setzten wir uns um den sanftrieselnden Brunnen, nahmen den unvermeidlichen Kaffee. So still und orientalisch weltverloren war es hier oben, als sei die Kultur mit Spitzhacke und Schiene noch weit von diesen kleinasiatischen Thälern.

Nebenan auf der Höhe erhebt sich das Schulhaus. Eben war die Schule zu Ende. Eine drollige Schaar blau und roth gekleideter Jungen, weißgegürteter Mädchen drängte und purzelte über Treppe und Steg herunter, wie lauter durcheinander wirbelnde Farbenklexe — just so, wie wenn bei uns die Schule zu Ende ist.

Ein neues Geschlecht, das mit der Eisenbahn aufwächst und mitleidig auf die Zeit zurückblicken wird, da noch die Büffelwagen und Kameelkaravanen unten durch das Thal zogen — eine Zeit, deren letztes Aufblitzen wir eben noch miterleben.

II.

Das Grab Hannibals.

Ismid, 15. September.

Den besten Punkt, um den Zug der anatolischen Bahn von Konstantinopel-Skutari nach Ismid, dem alten Nikomedien, zu überschauen, findet man, wenn man nach der zwei Stunden Fahrzeit entfernten Station Guebzeh fährt.

Dort steigt man einen sanftgezogenen Bergrücken empor — durch Weinberge und Obstgärten; auf der Höhe oben sind weitgebreitete Getreidefelder; wo diese nach der Seeseite abfallen, erheben sich zwei Cypressenbäume von gewaltigem Umfange und eigenthümlich breiter Ausdehnung der Aeste, Merkzeichen der Gegend, die schon von weit her die Aufmerksamkeit auf sich lenken.

Dort findet man sich auf dem Scheitelpunkt des stumpfen Winkels, den die Küste des Marmarameeres und der Busen von Ismid bilden.

Ein entzückender Blick, der selbst in der Gegend von Konstantinopel nicht seines Gleichen hat.

Nicht das Gewaltige in der Natur tritt hier hervor; aber sie hat alles aufgeboten, um mit Lieblichkeit die Sinne zu bestricken.

Da wo der Busen von Ismid sich abzweigt, steigen eine Anzahl von Inseln aus dem Marmarameer, die wie ein Relief vor uns liegen, die Prinzeninseln, das elegante grüne Prinkipo und die grauen Felsklippen, die sich davor lagern. Ueber den Meerbusen herüber leuchtet der schneebedeckte Gipfel des Olympos; lang hinter- und übereinander sich gliedernde Bergrücken begleiten den Zug des Busens von Ismid: weit aufwärts und abwärts schweift der Blick über das Marmarameer; da wo eine Höhenwelle die Aussicht koupirt, bleibt gerade noch Platz für das in duftiger Ferne sich abhebende St. Stefano und den Beginn von Stambul.

Unten am Meere die Eisenbahn.

Sie zieht durch ein Gefilde unendlicher Fruchtbarkeit, an Dörfern mit blinkenden Minareten, an einer nicht abreißenden Menge von Sommerhäusern vorbei, die sich im Grün verstecken. Der Vorsprung, auf dem wir stehen, entsendet nach dem Meere hinunter eine Schlucht, deren Kalksteinrippen mit Niederholz bekleidet sind, ihren Ausgang nach der Seeseite bezeichnet die Ruine einer Burg, recht anzusehen wie eine rheinische Ritterburg.

Wie ein Raubthier, das auf Land und Wasser seine Beute sucht. Die Schlange liegt auch hier im Grase.

Das Grab des Hannibal heißt oben die Stätte.

Ist hier wirklich der große karthagische Feldherr bestattet worden? Solchen Traditionen steht unsere Zeit skeptisch gegenüber. Wie viel Legenden haben sich derart gebildet und sind von der Wissenschaft beseitigt worden; nichtsdestoweniger haben wir die Mythen von Julias Grab in Verona und sogar von Werthers Grab in Wetzlar aus Scherzen der Fremdenführer noch in unserer Zeit erwachsen sehen. . .

Ist das Grab Hannibals, das hier gezeigt wird, ächter?

So viel ist sicher — ein Tumulus hat hier zwischen den Cypressen gestanden und hier an dieser beherrschen=den Stelle kann er keinem gewöhnlichen Manne errichtet worden sein. Ruft er doch unwillkürlich das Grabmal des Achilleus zurück, das am Eingang des Hellespontes den ältesten griechischen Nationalhelden feiert — allerdings wiederum eine Gestalt, die uns nur die Dichtkunst vermittelt hat.

Die Ueberreste des Tumulus selbst können uns nur wenig Auskunft geben; auf dem umackerten Feld markirt sich ein Steinkranz, die Fundamente des Mauerwerks anzeigend; nach Osten und nach Westen zu halten die zwei Riesencypressen die Wache am Grabe des Bestatteten, die Richtung angebend, in welcher er gelegt ist.

Daß es sich um das Grab eines Mohamedaners handelt, ist ausgeschlossen. Vor etwa dreihundertfünfzig Jahren hat ein Reisender, der die Stätte besuchte, den Tumulus noch vollständig erhalten vorgefunden, er spricht von ihm als dem zweifellosen Grabe des Carthagers. Seitdem hat die Hand von Schatzgräbern und Alterthums=sammlern den Tumulus zerstört, in den letzten Resten, die noch umherlagen, hat der Pflüger eine Störung seiner Kulturarbeit gesehen und sie entfernt.

Nur noch zwei größere Marmortrümmer zu Füßen und zu Häupten stehen aufrecht.

Da drehen unsere Führer noch eine Steinplatte

herum, die auf dem Angesicht liegt. Darauf zeigen sich deutliche Spuren einer Ornamentik, die jedenfalls nicht griechisch=römisch, sondern orientalisch ist.

Einem gewaltigen Mann des Ostens muß das Ge=
dächtnißmal errichtet worden sein.

Völlig der Geschichte angehörig ist die Thatsache, daß Hannibal auf der Flucht vor den Nachstellungen der Römer begriffen, von seinem Gastfreund, dem König Prusias, verrathen in dieser Gegend um das Leben ge=
kommen ist. Auch ist von hier aus nicht weit den Golf hinauf die uralte Ueberfahrtsstätte von Brussa her, der Stadt des Prusias. Von dort kommend mußte Hannibal, um nach dem Pontus zu gelangen, jedenfalls in dieser Gegend den Meerbusen übersetzt haben. Im Hinter=
grunde hinter dem fliehenden, gebrochenen Helden her, er=
blickt man die Gestalt des unerbittlichen Titus Quinctius Flamininus, der entschlossen ist, mit dem Todfeind Roms aufzuräumen.

Umsonst entfliehen Hannibal die Worte: „Kann man einen alten Mann so hassen!" Er rechnete nicht mit dem bittern Ernst und der unverbrüchlichen Zähigkeit, mit dem meisterhaften Egoismus römischer Politik.

Den Schauplatz, auf dem der Ausgang des Helden sich vollzog, haben wir jedenfalls vor Augen.

In Ismid machte mich ein griechischer Professor und Magister loci auf eine Stelle des Geschichtsschreibers Flavius Arrianus aufmerksam, die ausdrücklich besagt: In Libussa birgt der Boden den Leib des Hannibal. Ist Libussa, wie behauptet wird, mit dem heutigen Guebzeh

identisch, so hat die Tradition eine Stütze mehr ge=
wonnen.

Ueberlassen wir indessen getrost die Frage, ob wir uns
an dem wahren Grabe Hannibals befinden, den Fach=
männern, in deren Gebiet ich schon allzuviel und allzu
unberechtigt eingebrochen bin. Ich halte mich lieber an
den Spruch unseres Dichters: Alles Vergängliche ist nur
ein Gleichniß; er erhebt uns damit auf den Standpunkt,
der sich gerade an diesem Platz ziemt, vor diesem Grabe
— denn wo könnte der ewig unausgekämpfte Kampf
zwischen Orient und Occident schneidender zu Tage treten
als hier, wo uns der Schatten des gewaltigsten Vor=
kämpfers zu umschweben scheint, der je das Schwert des
Ostens geführt hat, hier auf der Grenzscheide zweier Erd=
theile, im Angesicht Stambuls und — St. Stefanos …

St. Stefano!

Welche Erinnerungen weckt dieser Name! Die Rolle,
welche Perser, Karthager, Osmanen im Kampfe gegen
Europa ausfüllten, haben heute die Russen übernommen,
der Schwur des Hasses gegen den Westen, wie ihn einst
Hannibal that, schallt jetzt von Moskau und Petersburg
zu uns.

Bis dort drüben nach jenen weißen Landhäusern,
nach St. Stefano ist die russische Woge gerollt.

Dort hat sie sich zunächst gebrochen, an den alten
Befestigungen Stambuls vielleicht noch mehr, als an der
Besorgniß vor der englischen Flotte, die vor jenen
Prinzeninseln im blinkenden Marmarameer ankerte.

Aber zum Stillstand ist die Woge noch nicht ge=
kommen!

2*

Fürst Bismarck hat im Reichstag auf die Behauptung, daß die Schlüssel zur Weltherrschaft in Konstantinopel lägen, witzig geantwortet, er hätte bis jetzt noch nicht bemerkt, daß die Pforte die Welt regiere. Die Bemerkung war zur Abschneidung einer Doktorfrage im parlamentarischen Kampfe vielleicht berechtigt, aber sie ließ die Replik zu, daß ein Unterschied darin liegt, in wessen Hand diese Schlüssel liegen, wenn man über ihre Bedeutung urtheilen will.

In denen der altersschwachen Türkei oder des schon jetzt schon so riesigen Rußlands!

Mehr wie tausend Jahre hat das innerlich verfaulte römische Ostreich das westliche Imperatorenthum überdauert, gestützt auf den Besitz der unvergleichlichen Feste Byzanz. Die Herrschaft über Konstantinopel bildet heute die letzte feste Klammer, die das Türkenreich zusammenhält. Die moderne Befestigungskunst könnte aus Konstantinopel und dem asiatischen Ufer eine uneinnehmbare Riesenfestung machen. Die von Bluhm Pascha im Jahre 1878 und 79 in Eile aufgeworfenen Verschanzungen zeichnen schon die Umrisse des Planes derselben.

Heute ist die Rede davon, den Bosporus zu überbrücken, die Möglichkeit des Baues ist nicht zu bezweifeln, für den Friedensverkehr zwischen Europa und Asien ist er noch entbehrlich, so wird er zunächst an der Kostenfrage scheitern. Herrscht aber einmal eine militärisch kräftige Macht in Konstantinopel, dann wird ihr kein Opfer zu groß sein, die beiden Ufer mit einander zu verbinden; die kleinasiatischen Eisenbahnen kehren dann die Doppelnatur dieses Verkehrsmittels hervor, das oberste

Kulturmittel und zugleich das furchtbarste Kriegsrüstzeug unserer Zeit zu sein.

Wer will dann Rußland in Kleinasien, in der Levante, in Syrien, Mesopotamien, in Aegypten die Herrschaft streitig machen! Viele Millionen einer kräftigen, gut disziplinirten Bevölkerung, die gewohnt ist, von Konstantinopel aus sich regieren zu lassen, werden in die Verfügung des russischen Militärstaats fallen. Und wohin wird dann das Zünglein der Wage schwanken, die jetzt nur noch mit aller Anstrengung im Gleichgewicht gehalten wird? . . .

In Konstantinopel hatten wir uns das Selamlik angesehen, die Parade, welche der Sultan jeden Freitag bei seiner Fahrt in die Moschee abnimmt.

Unser Kaiser hat die ihm in Konstantinopel vorgeführten Truppen die schönsten Soldaten der Welt genannt. Jedenfalls ist es die schönste Wachparade der Welt. Sie würde sicher nicht minder zu fechten verstehen, als seiner Zeit die Potsdamer Wachparade. Leider ist der alte Fritz der Türkei noch nicht erstanden, der sie richtig in die Wagschaale zu werfen weiß, und was die türkische Politik im entscheidenden Augenblick mit dieser schönen Truppe zu machen verstehen wird, darüber herrschen sehr berechtigte Zweifel, jetzt, wo meisterliches Stillesitzen als höchste Weisheit gilt.

Gerade ist jetzt das türkische Ministerium gestürzt worden. Es ist, wie man zu sagen pflegt, in der Versenkung verschwunden.

Es traf sich, daß wir zufällig im psychologischen Moment den Palast der Pforte in Stambul passirten.

Wir sahen die türkische Beamtenschaft etwas stärker durcheinander wirbeln als dort der Fall zu sein pflegt, auch eine Kompagnie Soldaten war im Hofe aufmarschirt. Wir ahnten nicht, daß in dem großen Empfangssaal des Pfortenpalastes ein großer Staatsakt, vielleicht ein historischer Akt sich vollzog — ganz Konstantinopel ahnte es nicht — die Verkündung des kaiserlichen Befehls, der Kiamil Pascha und dessen wichtigste Kollegen entließ und neue Männer an deren Stelle berief.

Hatten doch die kommenden und die gehenden Männer zum größten Theil noch bis zur letzten Stunde, wie versichert wird, nichts gewußt.

Palastvorgänge sollen die Ursache des Wechsels gewesen sein, eine gestörte Gasbeleuchtung, ein explodirender Feuerwerkskasten, ein rasch aufsteigender, gut ausgebeuteter Verdacht — ganz glaublich — aber wer mag es mit Bestimmtheit sagen! Und was bewiese es am Ende?

Kleine Ursachen, große Wirkungen. . .

In Therapia, der gastfreundlichen Sommerwohnung des deutschen Botschafters, Herrn v. Radowitz und seiner liebenswürdigen Familie, sah ich zufällig den neuen Großvezier, der kam, um seinen Antrittsbesuch zu machen. Ein junges, intelligentes Gesicht, ein gewandter Hof- und Weltmann. Man hätte ihn in die preußische Uniform eines Hauptmanns, etwa an der Majorsecke stecken können, er hätte ganz gut hineingepaßt, vielleicht würde man gesagt haben, ein Kamerad von der hohen Nummer, der die Gardemanier etwas übertreibt.

Der Herr hat ein Buch über die Janitscharen geschrieben, es seiner Zeit unserem Moltke zugeschickt und von diesem auch in der türkischen Armee unermeßlich populären Manne, ein anerkennendes Schreiben erhalten. Dasselbe prangt unter Glas und Rahmen in des jetzigen Großveziers Salon, er erklärt es für sein theuerstes Besitzthum.

Nichts in des neuen Würdenträgers Vergangenheit und Gegenwart spricht von unserem Standpunkt aus gegen ihn. Die Kommentare aber, die sich an seinen Amtsantritt schlossen — die Hoffnungen und Befürchtungen — zeigen, in welch' ernstem Augenblick er die Leitung der türkischen Politik übernimmt.

Die Frage bleibt offen, ob er ihr gewachsen ist.

Freilich heißt es, daß der Sultan sein eigener Minister ist; dennoch . . . . es giebt ja Minister, die ihre Souveräne vor Situationen stellen, die wie vollzogene Thatsachen wirken.

Vom Meeresstrand werfen wir noch einen Blick zurück auf die wundersame Silhouette der beiden Cy= pressen.

Man denkt an zwei Schildwachen am Grabe „des größten Feindes des römischen Namens."

— Ich, Hannibal, so sprach er einst zu seinen Soldaten, der Eroberer von Spanien, Gallien und nicht allein der Alpenvölker, sondern was größer ist, der Alpen!

Die Natur und die Geschichte selbst scheinen ihm hier sein Grab bereitet zu haben. . . .

III.

Die Stadt Diocletians.

———

Jsmid, 16. September.

Jsmid, das am Ende der Bucht liegt, ist das alte
Nikomedien. Der Name Jsmid ist eine wunderliche Zu=
sammenziehung der Worte nach (is) Nikomedien. Ver=
muthlich dem Mund der Landleute der Umgegend ent=
nommen.

Kriege und Erdbeben haben die alte Stadt hin=
weggefegt.

Amphitheatralisch ziehen sich jetzt buntbemalte Häuser,
die aus Obstbäumen und Cypressen herausschauen, einen
Hügel hinauf; ein anderer Stadttheil mit dem großen
Gemüsebazar liegt in der Fläche zwischen den Hügeln und
der Bucht.

Im Altertum war diese Bucht ein wunderbarer
Hafen, für den Tiefgang heutiger Schiffe reicht er nicht
zu. Die anatolische Bahn hat sich einige Kilometer auf=
wärts einen eigenen Hafen in Derindje errichtet, wo die
großen Schiffe löschen, welche die Eisentheile und
Maschinen zur Herstellung der Bahn bringen.

Vor Jsmid selbst exerzirt die türkische Torpedoflotille

wie Krokodile schießen die dunklen Boote in dem seichten
Gewässer herum. . . .

Man muß sich Mühe geben, daß man hier nicht fort=
während die Gegenwart verliert gegen die Geschichte, die
uns auf Schritt und Tritt begleitet, Mancher möchte
sagen, verfolgt.

Denn hier ist das Gebiet, das in einer entscheiden=
den Zeit Mittelpunkt der ganzen noch ungetheilten christ=
lichen Welt war. Ein Kirchenhistoriker könnte die anato=
lische Bahn geradezu für seine Disziplin in Anspruch
nehmen.

In das Gebiet, das die Bahn durchzieht, hatten sich
die beiden Apostelfürsten Petrus und Paulus getheilt.

Der Beginn der Bahn in Bythinien fällt in das
Missionsgebiet des Paulus. Die Episteln der beiden
Apostel verewigen diese Thatsache.

Auch von Conzil zu Conzil führt die Bahn; denn
nächst dem Bahnhof ihres Ausgangspunktes ist die Stelle
zu suchen, auf der die Kirche stand, in welcher das Conzil
von Chalcedon gehalten wurde — ein sanfter Hügel
Konstantinopel gegenüber, von wo man einen herrlichen
Blick über das Meer und die Gärten hatte; so wird die
Stätte beschrieben. In Angora, der Stadt zweier anderer
Conzile, endet die Bahn. In ihren Rayon aber fällt
Isnik, das alte Nicaea, das Haupt aller Conzilsstädte.

In Ismid aber dominirt die melancholische Gestalt
Diocletians, des letzten römischen Großkaisers, die so viel=
fach an Karl V. erinnert.

Hier war die Stelle seines höchsten Glanzes, hier gab
er das Signal zu den Verfolgungen gegen die Christen,

die sein Andenken schänden und hier legte er verbittert und enttäuscht die Herrschaft der Welt nieder.

Die Stelle, wo der berühmte Palast stand, den Diokletian erbaute, weisen jetzt nur noch Trümmer von Unterkellerungen auf, deren Ziegelsteine zu fest verfugt und zu werthlos sind, um die Zerstörung der Menschen herauszufordern. Die kaiserliche Residenz hatte die Form eines Feldlagers, sie umfaßte eine Anzahl von Gebäuden aller Arten, von Gärten, von Anlagen. Es gab da ein Theater und ein Amphitheater, Rennbahnen, Säulen= gänge und Paläste, die den Vergleich mit Rom aushielten.

Hier thronte der Kaiser und gab seiner Umgebung das Gepräge, das die orientalischen Großkönige nach uralter Tradition schon ihrem Hoflager aufgedrückt hatten.

Von dem Hügel, auf dem die Palasttrümmer liegen, zieht sich eine Senkung der Stadt zu. Jenseits derselben steigt die Höhe hinan, auf welcher das heutige Jsmid steht. Dort lag dem Palast gegenüber die Hauptkirche der Christen von Nikodemien; wie der Palast des Kaisers ein großer ragender Bau.

Vielleicht war es mit die herausfordernde Nachbar= schaft, die Rivalität der Lage von Palast und Kirche, die den schon lange grollenden Kaiser zum Losschlagen gegen die Reichsfeinde brachte.

Die erste Verfolgungshandlung richtete sich gegen diese Kirche.

An einem Festtag des Gottes Terminus, einem römischen Hauptfest am 23. Februar 303 rückte mit Tagesanbruch eine Abtheilung kaiserlicher Garde=Infanterie mit Genietruppen unter Befehl eines Obersten vor die

Kirche, erbrach die Thüren, die Kirche ward geplündert und dann von den Soldaten mit Belagerungswerkzeug niedergelegt.

Von seinem Palast aus sah Diokletian mit seinem Schwiegersohn Galerius, der als ein Hauptanstifter der Verfolgung gilt, der Zerstörung zu.

Eine Reihe wilder Gewaltmaßregeln und planmäßige Verfolgung sollte diesem Siege des Palastes über die Kirche Dauer geben. Eine andere Trümmerstätte vor Ismid heißt die Kirche der zwanzigtausend Bekenner, die nach der Legende an dieser Stelle ermordet worden sind.

Der Erfolg ist bekannt . . .

Von der Ruine des Palastes aus sieht man eine weite Ebene sich hinziehen, südlich bis zum Sabandjasee, westlich bis gegen das Gebirge. Jetzt durchschneidet die Bahn dieses Feld. Zwei Jahre nach dem Beginn der Verfolgung versammelte hier der der nutzlosen Grausamkeit müde Kaiser, krank und gebrochen, nach einem in seinem Palast in schweren Leiden zugebrachten Winter, sein Heer und legte vor ihm und einer gewaltigen Menschenmenge, die zusammengeströmt war, mit einer letzten Aufbietung eines unermeßlichen Pompes die Herrschaft nieder.

Selten hat ein historisches Drama eine solche Einheit des Ortes aufzuweisen als dieses, dessen Anfang, Höhepunkt und Schluß man mit einem Blicke überschaut.

Ein Haupt= und Scheitelpunkt der Weltgeschichte ist hier . . .

Palast und Kirche sind verschwunden; nur das weite Feld liegt in unerschöpfter und unerschöpflicher üppiger

Fruchtbarkeit da, als wollte es auf den Zug hinweisen, der uns dem alten Diokletian doch wieder menschlich näher bringt, den man hier nicht übersehen kann und auf den ich gleich zurückkommen werde.

Denn in Ismid weht die Luft zur Zeit in erster Linie nach Gemüsen und dann erst nach Alterthümern; letzteres wahrscheinlich angeregt durch archäologische Kenner und Liebhaber, die von Zeit zu Zeit aus Konstantinopel herüberkommen.

Ein Grieche bot uns ein Ausgrabungsgeschäft à conto meta an. Ein Professor des Ortes brachte uns die Abschrift einer ganz neu aufgefundenen Inschrift. Der große Steinträger, auf dem die Inschrift sich findet, war vorne und hinten abgebrochen; so fehlte der Inschrift Kopf und Schwanz. Der Professor begann zu entziffern, der Mann mit dem Ausgrabungsgeschäft half, unser Dragoman mengte sich ein, der Diener, ein griechischer Albanese, gab sein Wort dazu und selbst der Kellner, ein Schüler des Professors, sah demselben neugierig und sachgemäß über die Schulter.

So war der kleine Vorsaal unseres Hans oder Hotels, wie es jetzt heißt, schnell in eine Akademie verwandelt.

Nichtsdestoweniger war das Ergebniß für die Wissenschaft nur unbedeutend; die Entzifferung der Inschriften, wie sie die „Fliegenden Blätter" bringen, wollte uns nicht aus dem Sinn. Wir brachten heraus, daß ein alter Heide für das anatolische Quartier an jener Stelle einen Altar mit einer Säule gestiftet habe; gerade aber wo sein Name ansetzte, war der Stein abgebrochen und so muß er sich wohl oder übel gefallen lassen, mit seinem Namen in dem Dunkel zu verbleiben, dem er ihn mit so großer Anstrengung entziehen wollte.

Ein bleibendes Muster eines anonymen Wohlthäters; wenn freilich auch eines unfreilligen . . .

Arrian, von dem ich oben rühmen konnte, wie wohl er sich um das Grab Hannibals verdient gemacht hat, ist es hier mit dem eigenen schlimm gegangen.

Vor einigen Jahren fand bei den Terrainverände=rungen, die der Bahnbau bei Jsmid mit sich brachte, ein Eigenthümer einen Sarkophag, den der Kaimakam — der Landrath — an sich nahm und sorgfältig hütete, zu dem er namentlich keinen hinzuließ, den er im Verdacht des Jnschriftensammelns hatte. Der Ruf des Steines ver=breitete sich vielleicht gerade deshalb; es hieß, es sei der Sarkophag des Geschichtsschreibers Flavius Arrianus, eines geborenen Nikomediers, um den es sich handle.

Durch Bestechung eines Wächters gelangte ein be=sonders eifriger Jnschriftenjäger in den Besitz einer Ab=schrift der Aufzeichnung des Sarkophags. Danach wäre es wirklich der bekannte Geschichtsschreiber gewesen, der in dem aufgefundenen Sarkophag begraben war. Der um seine Primeur betrogene Kaimakam gerieth über diese Entwendung indessen in einen so wüthenden Zorn, daß er den Sarkophag in kleine Stücke zerschlug und diese zu Kalk verbrennen ließ.

So weiß bis auf den heutigen Tag Niemand mit Bestimmtheit zu sagen, ob es wirklich Arrian's Sarkophag war oder nicht.

Die Schwierigkeiten archäologischer Forschungen haben ein schlagendes Beispiel mehr erhalten.

Um so lieber überlasse ich sie den Berufenen und komme auf Kaiser Diokletian zurück. Die Residenz, die sich der Kaiser nach seiner Abdankung bei Salona in Dalmatien baute, scheint nach dem Muster des Palastes in Nicomedien hergestellt worden zu sei. Gärtnerei war seine Lieblingsbeschäftigung.

„Wenn Ihr die Kohlköpfe sehen könntet", schrieb er an seine Freunde, als diese ihn zu überreden suchten, den Purpur wieder anzunehmen, „wenn Ihr die Kohl= köpfe sehen könntet, die ich hier pflanze, Ihr würdet Euch keine unnütze Mühe geben."

Blickt man von der Palastruine in Ismid in die Runde, sich fragend, was den Kaiser dazu vermocht haben konnte, gerade an dieser Stelle die Hauptstadt des Welt= reichs zu begründen, so kommt man unwillkürlich auf die gärtnerischen Neigungen Diokletians.

Es ist das herrlichste Gemüsefeld, in dem wir uns befinden, das die Phantasie ersinnen kann.

Ja es war der Gärtner unter den Kaisern oder der Kaiser unter den Gärtnern, der sich hier angesiedelt hatte. Ehe er seinen Kohl in den Gärten von Salona baute, hat er ihn hier gebaut; Kohlköpfe von unglaublichem Umfang in langen Reihen gepflanzt, verkünden noch heute seinen Ruhm, jedenfalls ein dauerhafteres Denkmal in ihrer ewigen Erneuerung, als wenn er sein Gedächtniß Stein und Erz anvertraut hätte.

Exegi monumentum aere perennius — ein Denk=

mal habe ich mir errichtet dauernder als Erz — kann Diokletian so von sich mit dem alten Horaz sagen.

Und nicht nur Kohlköpfe verkünden den Ruhm des Gärtnerkaisers, Pistachen nahmen den Schall auf, Zwiebelkolonnen geben ihn weiter, an langen Alleen einer nur hier einheimischen Aepfelart hallt er wieder, die ganze grüne Ebene, wie sie um Ismid von der Bahn durchzogen wird, stimmt in ihn ein — ein unendliches Heil! Heil! Heil! dem kaiserlichen Gärtner!

Dieser ganze Segen mündet heute schließlich durch die Verfrachtung auf der anatolischen Bahn in den unersättlichen Magen von Konstantinopel! ...

IV.

Ein Ritt nach Nicäa.

———

Jsnik, 18. September.

Wer sollte in diesen Gegenden nicht wünschen, Nicäa zu sehen, die berühmte Hauptstadt Bythiniens, die Stadt der Konzile und der Kreuzfahrer — die jetzt so welt= verlassen und verloren in einem Winkel liegt. Die neue Eisenbahn hat sie zugänglich gemacht.

Wir beschlossen sie aufzusuchen.

Wer Lust hat, in einem munteren Ritt nach Nicäa zu kommen, der braucht nur Mustapha, den Pferde= verleiher aus Lefke, zum Abendzug nach der Station Mekedje zu bestellen, und er wird sein Genügen finden. Wenn ich vom Abendzug spreche, könnte man glauben, es gäbe zur Zeit zwischen Jsmid und Mekedje noch einen anderen, das wäre indessen ein Jrrthum; es giebt nur eben diesen einen und einen anderen in der entgegen= gesetzten Richtung.

Die Gefahr der Zusammenstöße ist dadurch jeden= falls wesentlich vermindert.

Herr v. d. Goltz hatte uns gerathen, von den vier verschiedenen Routen, die man nach Nicäa nehmen kann, die über Mekedje zu wählen.

Sie ist zwar etwas länger, als wenn man von Lefke abgeht, fünfunddreißig Kilometer, zu denen man angesichts des coupirten Terrains und des Zustandes des Weges regelmäßig fünf bis sechs Stunden rechnet, aber der Weg sei der schönere. Herr v. d. Goltz schlug allerdings gleichzeitig vor, die Nacht in Mekedje zu verbringen und am Morgen sich auf den Weg zu machen. Das stimmte aber nicht mit unseren Plänen; wir hatten unsere Pferde für die Reise in das Eisenbahnlose, auf Angora zu, für den nächstfolgenden Tag nach Biledjek bestellt.

So beschlossen wir, den Abend auszunutzen.

Die Sonne brannte noch heiß auf die weitgebreitete Ebene, durch welche bei Mekedje der Saccaria strömt, als wir um vier Uhr von der Station ausritten.

Voran zwei Zaptieh, türkische Gendarmen, in ihrer kleidsamen Uniform, die etwas von der preußischen Husarentracht hat, beide stramme Kerle, die Flinte vorn quer über dem Sattel. Der ältere hielt sich noch streng an Mohamed's Gesetz, Spirituosen betreffend; der jüngere hatte sich dem Fortschritt des Jahrhunderts angeschlossen, wie sich ergab, als die Versuchung in Gestalt eines Cognacs herantrat. Der Jüngere trank ohne jede Ziererei, der Aeltere wies den Trank würdevoll zurück, worauf der ausgleichende Durst des Kollegen versöhnend eintrat.

Wir waren im Ganzen, das Lastthier eingeschlossen, acht Pferde stark. Außer den Zaptiehs wir zwei Franken, der Dragoman aus Pera, Weygam Mandelbaum, der, nachdem er sich in sieben Sprachen gezeigt hatte, in diesem vielsprachigen Lande immer noch eine weitere wußte und der als Haupt- und Großstädter nun zum erstenmal Kleinafien entdeckte; im Uebrigen eine treue Seele und voll Drang nach dem Höheren. Dann Stepano, der Albanese, als Diener und „starker Mann", Mustapha, der Pferde= verleiher, und dessen Diener auf dem Packpferd.

So ritten wir langsam hintereinander die Paßhöhe vierhundert Meter hoch hinauf und sahen von dort aus bereits den See von Nicäa wie einen Spiegel in der Ferne blinken.

Es ist das ein Scherz, den der See treibt, über den sich bis jetzt noch alle Reisenden beklagt haben; denn der Wasserspiegel, so greifbar er auch scheint, ist noch viele Stunden entfernt, die Reflexe, welche die südliche Sonne auf dem von Bergen eingefaßten See besonders scharf hervorruft, bringen die Täuschung zu Wege.

Eine wundervolle Aussicht da oben über Höhen und Thäler nach den gewaltigen Bergen, die die Ferne ab= schließen.

Langsam steigen wir in das Thal hinab, das mit allerhand Windungen sich gegen Nicäa hinzieht. Die Schatten wurden schon lang, Dämmerung begann sich in das von Bergen eingefaßte Thal zu senken. Wir berechneten, daß wir in diesem Tempo um zehn Uhr in Nicäa eintreffen würden.

Allein es zeigte sich, daß die Kräfte der Pferde nur klug geschont worden waren, um sie jetzt um so schärfer einzusetzen.

Mustapha hatte mit den Zaptiehs eine kurze Be= rathung, dann wurde uns durch Vermittelung des Drago= mans eröffnet, daß es unter allen Umständen gut sei, noch vor völliger Nacht durch das Defilé zu kommen. Natürlich

mußte die Furcht vor den Räubern herhalten, dieser in
der Türkei so viel verhandelte Gegenstand. In Wahrheit
war es wohl die der Gendarmerie neuerdings noch dringen=
der eingeschärfte Verantwortlichkeit für den Schutz der
Fremden, die sie zu jenem Gewaltritt bestimmten, den wir
jetzt einschlugen.

So ging es denn los.

Daß die Zaptiehs unter diesen Umständen ihre Pferde
nicht schonten, finde ich begreiflich, aber daß du, braver
Mustapha, dabei mitthatest, gereicht zu ewigem Ruhm der
Pferdeverleiher, und hat mir von diesem Stand ganz neue
Ansichten eröffnet. Ich mußte, während wir schonungs=
los dahin sausten, — ich hätte richtiger gesagt: dahin ge=
saust wurden — an Mustapha's Berliner Kollegen denken,
an unseren Pferdeverleiher im Grunewald, der einen
Galopp seiner Sonntagsgäste auf einem der Kieswege
des Grunewaldes schon als die Höhe der Schonungs=
losigkeit betrachtet.

Unter allen Umständen war es angenehm, hier rasch
vom Weg= zu kommen.

Kurzes Buschwerk zog sich von den Höhen herab auf
beide Seiten des Weges, diesen mehr und mehr be=
schattend, jeden Ueberblick verhindernd. Das Land eine
steinige Heide; der Weg auf= und absteigend, über Fels=
gerölle und von Buschwerk überwachsen — er war bald
kaum mehr zu erkennen.

Ein Glück, daß ihn die Pferde kannten, und sie
stürmten weiter.

Eine meilenweite Oede, von Zeit zu Zeit eine Herde
von Rindern oder Ziegen auf halber Bergeshöhe, zwei=

ober dreimal eine Gruppe von Hirten, die sich am Wege hielten. Wir sahen das alles nur wie Erscheinungen; die Zaptiehs und Mustapha immer voran, mit Peitsche und Zuruf die Pferde antreibend, eine wilde Jagd.

Daß die Pferde nicht stürzten, daß wir nicht Hals und Beine brachen, kann man nur verstehen, wenn man die stählernen Muskeln dieser kleinen braven Thiere an der Arbeit gesehen hat. Aber lustig war es und auf=regend, so in die Dämmerung hinein.

In Karabinkoi, einem Haufen von Lehmhütten nahe am Ausgang des Defilés, wurde einige Augenblicke vor dem Café gerastet, um die Pferde verschnaufen zu lassen.

Dort waren die Greise des Dorfes in Beschaulichkeit vor der Thüre des Cafés versammelt. Das junge Volk ist mit den Herden draußen im Gebirge. Das Alles er=innert an die Abruzzen, die auch eine lange Zeit unter Räubern und Räuberfurcht litten, bis seiner Zeit der erste Napoleon und jetzt die italienische Regierung Ernst machten. Die Dilettanten des Räubergeschäfts rekrutiren sich am leichtesten aus den halbwilden, müßigen Hirten, aber es hat sich gezeigt, daß dieselben recht wohl einge=schüchtert werden können. Einige Mal scharf durch=gegriffen, und die Sache käme zu Ende.

Wieder auf die Pferde!

Geblendet von dem famosesten Abendhimmel über den bläulich angehauchten Bergen im Hintergrund des Sees von Nicäa, geblendet von dem grellen Mondlicht, das sich dazwischen legte und uns durch die Mischung von dunkelsten Schatten und hellen Flecken verwirrte, ging es weiter; jetzt durch eine bebaute Gegend, durch das Bett von

Wildbächen, die uns als Weg dienten, über Felsgeröll und Buschwerk, auf dem Weg und über die Heide immer in demselben athemlosen Tempo.

Da sahen wir vor uns in dem nun alles beherr=schenden Mondschein etwas auftauchen, was wie eine nicht endende Menge von aneinander geschobenen Ritter=burgen sich ausnahm: die Jagd war zu Ende, wir waren vor den Mauern von Nicäa.

Wir verglichen unsere Uhren — die fünfunddreißig Kilometer hatten wir in drei Stunden zurückgelegt. Ich hatte beim Ausreiten ebensowenig daran gedacht, eine solche Steeplechase zu machen, als das Rennen in Char=lottenburg mitzureiten. Mustapha mag es verantworten.

Wir ritten unter dem Gemäuer der Wasserleitung durch, dann durch das dreifache Thor; von einer Stadt konnten wir nichts gewahr werden.

Platanen und Nußbäume warfen ihre Riesenschatten auf stille Mauern, auf Weingärten und Heide.

Wo blieb Nicäa?

Nun blickten ein paar Minarets hervor, ein Haufen von Hütten und Häusern, jetzt eine Art Straße und — wir sind vor dem Khan des Anasthase Katemiogen, eines Armeniers.

Ja, wo blieb Nicäa?

Das Räthsel löste sich uns am anderen Morgen.

Die Mauern sind eine Nuß ohne Kern, eine Schale ohne Ei, ein Rahmen ohne Bild; dies letzte Gleichniß giebt am ersten den Eindruck wieder, den diese Stätte der Zerstörung hervorruft.

Denn die Stadt Nicäa selbst ist verschwunden, ganz vertilgt ist sie.

Die gewaltigen Mauern allein, die sie in einem Parallelogramm umzogen, sind stehen geblieben. Ein kleiner Ort, Isnik geheißen, hat sich in einem Winkel des ummauerten Bezirks niedergelassen; den Rest füllen Trümmerfelder, Weingärten, eine Menge von Nußbäumen, Kastanien und Platanen; einige Pinien markiren; die paar Minarets heben sich hervor.

Das ist, was von dieser hochberühmten Stadt noch übrig ist.

Beim Nachsuchen finden sich noch einige Bauwerke, die der Vernichtung entgangen sind, aber das verschwindet in dem gewaltigen Raum. Wie ein ungeheurer Friedhof dünkt uns das Ganze, und die Trauerweiden, die hier üppig gedeihen, verstärken den Eindruck.

Ich weiß nicht, ob Jemand versucht hat, den Plan der Stadt zu rekonstruiren; in seinen Grundzügen ist derselbe gegeben.

Die Stadt mag innerhalb der Mauern 50 bis 60 000 Einwohner gehabt haben. Vier Thore führen aus der Stadt, nach den vier Weltgegenden orientirt, nach Stambul, nach Lefke, Jenischehir und nach der Seeseite zu.

Wie Strabo, der Ritter des Alterthums, berichtet, stand am Platze, auf dem sich die Wege nach diesen Thoren schnitten, das Gymnasium und in diesem ein Stein, von dem man zu allen vier Thoren hinausschauen konnte. Die Stelle ist nicht zu verfehlen, denn die Wege gehen noch immer von Thor zu Thor, wenn auch die

Häuser verschwunden sind, die sie einfaßten und das über=
wuchernde Grün die Aussicht verdeckt.

Nicäa war kein Straßengewinkel, wie Pompeji, es
war eine Stadt der Quadrate, in die gegebenen vier
Viertel mußten sich die anderen Straßenzüge gleichmäßig
eingefügt haben. Daß dies der Fall war, sieht man noch
an der Orientirung der wenigen übriggebliebenen Mo=
numente.

Es war eine Stadt wie Mannheim oder ähnliche
Residenzen, nach den Ideen des Fürsten und seines Hof=
baumeisters befohlen. Selbst der Name Nicäa ruft
deutsche Hofgebräuche zurück, denn wenn unsre Herren
ihren Schöpfungen die Namen Ludwigsburg, Karlsruhe,
Wilhelmshöhe gaben, die Könige Nikomedes und Prusias
Nikomedien und Brussa gründeten, so nannte ein galanterer
Herrscher von Bithynien seine Residenz nach seiner Ge=
mahlin Nicäa.

Diese drei königlichen Residenzen Nikomedien, Brussa
und Nicäa haßten sich mit einer Ausdauer und Herzlich=
keit, die selbst in dem kleinstädtischen Kleinasien sprich=
wörtlich geworden war.

Welche Verwüstungen die Kriege, Erdbeben und die
im Orient so häufigen Brände über die Stadt gebracht
haben — die natürlichen Vortheile der Lage sind so groß,
daß die Stadt sich immer wieder erhob; ja, unter den
ersten osmanischen Sultanen gelangte sie noch einmal zu
einer ganz besondern Blüthe.

Den entscheidenden Stoß erhielt Nicäa wie ganz
Kleinasien, als der Weltverkehr die östliche Route aufgab
und den atlantischen Ozean zu durchfurchen anfing. Da

wurden die Karawanenwege zu Lokalstraßen, die Levante=
häfen veröbeten. Der Wendepunkt für den Osten in der
Richtung nach oben ist die Durchstechung der Landenge
von Suez und der Anschluß an das zentraleuropäische
Eisenbahnnetz.

Denkbar, daß auch hier die Epoche der Eisenbahnen,
die Nähe der anatolischen Bahn wieder etwas Leben her=
vorruft.

Da wo die Defileen, die wir durchritten haben,
enden, öffnet sich stundenweit ein weitgebreitetes, von
Wasserläufen durchzogenes herrliches Thal, das nur ver=
ständiger Kulturarbeit wartet, um sich in den fruchtbarsten
Garten zu verwandeln; der See, welcher die Mauern der
Stadt bespült, bildet die natürliche Verkehrsstraße für die
lieblichen Gefilde bis nächst des Marmarameeres; ja selbst
die strategische Wichtigkeit dieses Punktes ist eine solche,
daß nach einer Bemerkung des Herrn v. d. Goltz die
Oertlichkeit bei einem Kriege in Anatolien eine große
Rolle spielen müßte.

Das allerdings ist keine besonders reizende Perspek=
tive; aber sie erklärt die Thatsache, daß zur Zeit, als die
Gegend um den Bosporus das Kriegstheater der Welt
abgab, wie später die oberitalienische Ebene, hier immer
aufs neue eine Stadt und Festung sich erhob.

Die Festungsmauern verdanken ihre jetzige Gestalt
der Zerstörung der Stadt durch die Skythen im dritten
Jahrhundert nach Christus. Jedenfalls um sie so rasch
wie möglich herzustellen, hat man alle Werkstücke, die aus
der letzten Zerstörung zur Hand waren, als Material zum
Mauerbau verbraucht.

Die Befestigung selbst ist nahezu dieselbe wie die der oft beschriebenen Mauern von Stambul, Herr von der Golz stellt sie technisch noch darüber; ich habe die Mauern, die zum umreiten eine Stunde in Anspruch nimmt, nicht annähernd genau genug durchforschen können, um die Behauptung zu kontroliren, daß sie ein wahres Museum bilden. Aber schon ein flüchtiger Augenschein genügt, um eingemauerte Säulenschäfte und Kapitäle, Reliefs von Sarkophagen, Stelen und Torsos zu entdecken.

Das wäre natürlich auch schon alles verschwunden, zu Kalk verbrannt, wenn die verzweifelt gute römische Mauerkunst es nicht gar so fest angefügt hätte.

Noch imposanter tritt die Technik der Römer, dieser ersten Maurer der Welt, an den Untermauerungen des Theaters hervor. Hier begegnen wir denn auch den Spuren des jüngeren Plinius, des literarischen Freundes von Trajan, der als dessen Statthalter in Nicäa waltete und dessen Briefe so manches von ihm berichten. Das Theater entbehrt des natürlichen Falles, wie ihn die antiken Theaterbaumeister nicht gern entbehren mochten.

Durch einen aus mächtigen Quadern gewaltig sich erhebenden Unterbau gewann das Theater die Lage, welche den Zuschauern den Blick auf den herrlichen See und auf die Gebirge als Umrahmung und Hintergrund der Bühne gestattete. Das Terrain war morastig und die Kosten wollten dem Statthalter über den Kopf wachsen; er klagte nach Rom, daß er schon über zehn Millionen Sesterzien in den Boden versenkt habe; jedenfalls haben seine Maurer dafür auch etwas geleistet.

Man begreift kaum, wie diese Quadern von drei bis vier Meter Länge bewältigt wurden.

* * *

Konzil und Kreuzfahrer.

Isnik, 19. September.

Interessanter für die Weltgeschichte als die Schmerzen des Plinius über die Theaterkosten ist seine Korrespondenz mit Trajan über die Behandlung der Christen in Nicäa.

Wie die Sache verlaufen ist, klingt die Korrespondenz wie eine Satire auf das kluge Paar. Wenn man Trajan gesagt hätte, daß wenig Jahrhunderte später sein Nachfolger auf dem Imperatorenthron einer Versammlung von Prälaten der verachteten Sekte präsidiren würde, wo gerade jene Dogmen und Streitigkeiten, welche den Kulturmenschen des zweiten Jahrhunderts so abgeschmackt und nichtssagend erschienen, als der Mittelpunkt aller staatlichen und ethischen Interessen jener Zeit erschienen — er würde es nicht verstanden haben. Und doch war es bekanntlich so; und hier in Nicäa sind wir gerade an der Hauptstelle.

Die Kirche, in welcher das berühmte Konzil von Nicäa gehalten wurde, ist, wenn die Tradition die Stätte richtig bezeichnet, noch vollständig erhalten, einer der schönsten römischen Kuppelbauten, die man sehen kann. Besonders interessant ist die kleinere Kuppel, die über der Vorhalle schmal und hoch emporsteigt. Die Kirche selbst hat anmuthige Verhältnisse; zwei mäßig niedere

Säulen, welche den Eingangsbogen tragen, stimmen den Eindruck auf das Würdevolle.

Wie indessen die drei= bis vierhundert Prälaten, die hier versammelt gewesen sein sollen, in diesem Raum von etwa zwölf Meter Geviert Platz gefunden, kann ich mir nicht vorstellen. Für ein kleineres Parlament würde die Anlage allerdings nach ihrer ganzen Ausstattung gut genug geeignet sein, zumal sie in der Vorhalle und dem Kreuzgang, der um den Hof herum noch angedeutet ist, hinreichende Foyerräume besaß für jene Fraktions= und Coulissenpolitik, die auf dem Konzil eine so große Rolle gespielt hat.

Man könnte angesichts dieser Raumverhältnisse der Annahme zuneigen, daß wenigstens die Hauptvorgänge des Conzils in dem kaiserlichen Palast gespielt haben.

Wie dem aber auch sein mag: es ist doch eine be= sondere Sache, auf einem Platze zu stehen, von dem die Sätze und Formeln ausgingen, die noch heute — wie der Einzelne auch darüber denken mag — die gesammte Kulturwelt beherrschen. Um die Fahne, die hier entrollt wurde, wogt noch heute der Kampf. Mußte ich doch des alten, würdigen Stadtältesten von Berlin gedenken, dessen Antrag, das Bekenntniß von Nicäa als obligatorisch fallen zu lassen, noch in unseren Tagen so weittragende Folgen hatte. Ihre Erhaltung verdankt die Konzils= kirche ihrer Verwandlung in — eine Moschee.

Durch das Konzil, das wir erlebt haben, und die Konzilsbriefe, die es illustrirten, wissen wir genug davon, wie solche Dinge sich vollziehen, um uns auch die Wandel= gänge in der Konzilskirche zu Nicäa beleben zu können.

Es waren zwar höchst individuelle Gestalten, diese drei leitenden Männer des Konzils: Arius und Athanasios und Kaiser Constantin, gerade wie Papst Pius IX. mit den Ultramontansten und der Opposition der Ketteler und Dupanloup scharf umrissene Figuren sind. Dennoch bleibt eine gewisse Familienähnlichkeit bestehen.

Man kann sie sich hier auf dieser Stelle lebhaft vorstellen.

Arius groß, hager, tiefen Ernst im Gesicht mit einer besonderen Fähigkeit gerade durch eine im Gegensatz zu diesem Ernst hervorbrechende Freundlichkeit die Menschen zu gewinnen; stolz, verschlagen, ehrgeizig, ein Volksmann und Demagoge, der sich auf die Massen stützte, seine Lehre in volksthümlichen Schriften verbreitend.

Im Gegensatz zu ihm Athanasios, schon als junger Mann in sehr verantwortlichen Stellungen, feurigen Geistes, schwungvoll und mit dem Instinkt der Macht ausgestattet.

Die Mehrheit der Bischöfe und der Kaiser selbst zwischen diesen beiden schwankend, bis Constantin sich, einer Art von elementarem Schwergewicht folgend, der konservativeren Ansicht anschloß. Mit kluger Mischung von äußerer liebenswürdig bescheidener Reserve und wohlverstandener Drohungen gegen die Widerstrebenden zog der Kaiser die Schwankenden auf die Seite des Athanasios. Die Behauptung, daß Gott Vater, Sohn und heiliger Geist aus einer und derselben Substanz sind, behauptete bekanntlich siegreich das Feld. Die Lehre des Arius wurde verflucht, und seine Anhänger erlitten das Schicksal aller Besiegten. . .

Die Altkatholiken, die sich damals absonderten, sind die heutigen Armenier; sie sind verhältnißmäßig zahlreich in Isnik. Mit einem von ihnen sollte ich noch in nähere Beziehungen treten, nämlich mit meinem Wirth Anasthase.

Es ist wohl nur ein Zufall, daß auch in dem Arianischen Streit Nicäa gegen Nicomedien stand; denn in Nicomedien hatte Arius sein Hauptquartier und seine mächtigsten Anhänger und von Nicäa ging seine Verdammung aus.

Noch ein anderes Konzil ist bekanntlich hier gehalten worden, das aber mehr für die byzantinische Palast- und Staatspolitik wichtig ist, als für die gesammte Christenheit; der Streit der Bilderstürmer und der Bilderverehrer wurde unter Vermittelung einer klugen Frau, der Kaiserin Irene, zu Gunsten der Verehrer hier geendet.

Von der Kirche, in welcher diese Vorgänge sich abspielten, stehen nur noch die Mauern.

Blauer Himmel schaut oben herein, gewaltige Nußbäume erheben sich neben dem Chore. Es ist sehr still und einsam, wo so heiß gerungen, so subtil gestritten wurde.

Nur ein Eselein schreitet würdevoll durch den Raum, von Zeit zu Zeit ein Maul voll Futter nehmend und dann wieder philosophisch das Haupt senkend. . . .

Als Kleinasien der schwächer und schwächer werdenden Hand der Byzantiner mehr und mehr entschlüpfte, schlugen hier an den Mauern von Nicäa die Wogen einer neuen Bewegung der Christenwelt an — der Kreuzzüge. Die Romantik jener Tage hat die Phantasie unserer Jugend erfüllt und entzückt; im Volke war es wie ein

atavistischer Rückfall in den Wandertrieb der Völker=
wanderung, in den Vornehmen entfaltete sich die Blüthe
des Ritterthums, das neue Europa erscheint, das sich zum
ersten Mal findet.

Zwei Namen sind für diese zusammenlaufenden Be=
wegungen am meisten charakteristisch.

Walter Habenichts — welch' humoristischer Name,
man sollte meinen, Scheffel habe ihn erfunden! — der
den ungeheuren Haufen des grauen, namenlosen Pilger=
volks durch den Balkan über den Bosporus geführt hat.
Nahe bei dem Platz, wo wir mit den alten Hirten den
Kaffee tranken, sind bei Karadin die Ruinen eines Forts.
Um und bei diesem liegt die ganze Schaar des Habenichts,
soweit sie noch übrig war, erschlagen.

<blockquote>In Gottes Name vare wir.</blockquote>

So sangen sie, als sie unter den Pfeilen der Seld=
schuken reihenweise dahinsanken.

Dann Gottfried von Bouillon — der trefflichste, lie=
benswürdigste Held, der das Ideal von Allem geblieben
ist, was man als Ritterthum feiert.

Er hat mit seinem Heer vor diesen Mauern gelegen;
beinahe hatte er die Stadt schon in seiner Gewalt, da
kam ihm der kluge Kaiser Alexius von Byzanz zuvor,
der seine Flotte über die Landenge in den See von Nicäa
brachte und sich mit den Seldschuken verständigte, die vor=
zogen, sich ihm zu übergeben.

Was mögen die Deutschen unter den Rittern geflucht
haben, als ihnen die schöne Beute entging, die sie schon
unter der Hand hatten, und sie sich von den Byzantinern
„gemacht" sahen — verrucht, gotteslästerlich. Man sollte

meinen, die Mauern von Nicäa müßten heute noch von diesen Himmeldonnerwetters wiederhallen.

Aber es ist sehr still geworden von Allem, was hier tobte.

Ein weites Todtenfeld zieht sich vor der Stadt hin, Christengräber und Seldschukengräber bunt durcheinander, die Christengräber bezeichnet durch Säulenstümpfe und Marmorstücke aus dem Trümmernfeld der Stadt . . .

Ich kann nicht daran denken, die Merkwürdigkeiten dieses berühmten Erdenfleckes zu erschöpfen — eine wahrhaft klassische, leider noch nicht vollendete Schilderung hat Freiherr v. d. Goltz unlängst in der „Allg. Ztg." gegeben —; ich wende mich lieber den Interessen des Tages zu.

Zunächst ein Bad im See von Nicäa

Das Wasser geht bis dicht an die alten Mauern. Nur noch einzelne gewaltige Steine weisen auf die Kais und Molos des einst von Schiffen so lebendigen Hafens. Jetzt liegt nicht einmal ein Kahn mehr da. Aber der Sand des Strandes ist so weich, das Wasser so glashell, der See so lieblich — in seine klaren Fluthen tauchen wir und spülen alle Geschichte ab und freuen uns im Sonnenschein, daß wir leben . . .

Auf die Freude des Lebens folgt der bekannte Kampf ums Dasein.

Es gilt diesmal der Auseinandersetzung mit meinem Wirth Anasthase. Man ist nicht allzuübel, nach landesüblichen Aussprüchen, in seinem Khan, die Betten sind reinlich und insektenfrei, Essen und Trinken leidlich. Die beste Gesellschaft von Isnik und der Umgegend verkehrt bei ihm, der Kaimakam aus Jenischehir, der hergekommen ist, um den Zehnten zu berechnen, der Regiebeamte aus Konstantinopel, ein schöner schwarzbärtiger Türke, von dem ersten Rufe des Muezzin bis zu dessen letztem schwer betrunken, der griechische Doktor, der wie ein Barbier aussieht.

Anasthase aber hat einen Fehler, er ist zu fortschritts= freundlich, er will die neue Civilisation, welche die Fremden herbeibringt, zu rasch ausnützen. Unser Dragoman seiner= seits hat den anderen Fehler gemacht, er hat nicht mit Anasthase vorher akkordirt.

So bringt denn Anasthase sein Buch herbei, und aus ihm entwickelt sich eine unendliche Zahlenreihe von Piastern für das, was wir, was die Diener, was die Zaptiehs, was die Pferde verzehrt haben, wahrscheinlich auch für das, was der Regierungsbeamte getrunken hat. Immer neue Items tauchen aus dem Buche auf.

Es war nicht gerade so theuer als der Ritter Roden= stein es fand, als er mit sieben Knappen in Heidelberg zum Hirschen eintritt, aber scharf gesalzen war es. Im Interesse aller, die nach mir zu Anasthase kommen und, wie ich hoffe, in seinem eigenen nahm ich den Kampf ums Recht auf. Ich forderte Anasthase auf, mit mir zum Kaimakam zu kommen. Anasthase folgte mir lachelnd mit seinem Buche. Denn was sollte ihm sein Gast, der Kaimakam, anhaben mögen.

Aehnlich dachte auch ich; aber wir haben uns beide getäuscht. Allah ist groß!

Wir kamen in das Gerichtshaus

Auf dem Vorplatz eine Rampe, just wie in unseren

Amtsgerichten, dann Kawassen und Zaptiehs. Ohne weiteren Aufenthalt wurden wir in das Heiligthum geführt. Links in der Ecke auf der Bank lagerte der Kaimakam, ein würdevoller Greis, auf der Mitte der Bank hatte ein Ulema in Kaftan und Turban Platz genommen. Die rechte Ecke nahm der Mudir (Bürgermeister) ein. Zu dem Mudir gewendet, trug der Dragoman mit vielen Worten unsere Sache vor, der Wirth antwortete eifrig, die Männer des Gerichts lauschten.

Dann ließ ich demselben durch den Dragoman eröffnen, ich würde einen Bericht über Isnik nach Berlin schreiben und es bedauern, wenn ich zu berichten hätte, daß in Isnik ein Gastwirth ungestraft einen Fremden prellt, ich beantrage die Zeche auf Zweidrittel zu ermäßigen; dann sei noch genug gestohlen.

Der Ulema that seinen Mund auf.

Fünfundzwanzig Prozent Abzug resolvirte er, der Kaimakam nickte und stand auf — die Sache war erledigt.

O weise und gerechte Richter! Wie gut habt Ihr entschieden, denn auch ich verdiente Strafe, ich hätte vorher akkordiren lassen sollen.

Die Vergleichung der türkischen Justiz mit der Berliner fiel hier gänzlich zum Vortheil der ersteren aus. Keine Vorladung, kein Protokoll, keine Fristen oder Rechtsmittel, keine Stempel und Kosten, rund und kurz heraus und abgemacht. Wie wäre ich zu Ende gekommen, wenn ich mich als Fremder in Berlin mit einem betrügerischen Gastwirth herumzuschlagen gehabt hätte!

Aber es giebt noch Richter in Isnik! . . .

Wer Nicäa ohne jede Fährlichkeit besuchen will, dem rathe ich, in der Morgenfrühe von Medjeke aufzubrechen, dann kann er sich sogar eines Landauers bedienen und bequem fahren. In Isnik selbst aber möge er sich an „Doktor" Fabiani wenden, einen biederen alten Italiener, der für ihn sorgen und ihn auch gern in seinem rein= lichen Hause aufnehmen wird.

Ich habe ihn leider zu spät kennen gelernt; dann aber hat er mich nicht mehr verlassen; er stand oder saß mir immer gegenüber und sah mich mit seinen klugen alten Augen an.

Wir hatten uns nicht viel zu sagen. Schon in der Nähe eines Franken zu sein, war ihm ein Genuß. Fabiani führt das Fremdenregister von Isnik seit den fünfund= dreißig Jahren, daß ihn das Schicksal hierher verschlagen hat, mittels der Visitenkarten der Besucher, die er sammelt. Unsere Karten waren die vier= und die fünf= unddreißigste. In unserem Reisejahrhundert! In Nicäa! Seit 35 Jahren!

Aber das wird wohl jetzt durch die neue Eisenbahn anders werden.

———

V.

Die Stadt des Meerschaums.

Eskischehir, 23. September.

Dicht hinter den Meeren, welche Kleinasien bespülen, thürmen sich parallel mit der Küste streifend die Gebirge auf, die sich im Innern zu der großen Hochebene auseinanderziehen.

Mühsam winden sich die Flüsse an diesen Bergen, bis es ihnen gelungen ist, sie zu umgehen oder an einer entscheidenden Stelle zu durchbrechen und sie nach unendlichen Curven in das Meer gelangen.

Auf diese Hochebene von der Küste des Bosporus her strebt die anatolische Bahn hinauf und in diesen Flußthälern von einem zum andern übersetzend arbeitet sie sich weiter.

Zuerst streicht die Bahn längs des Bosporus von dem Marmarameere her, biegt dann in den Golf von Jsmid, soweit eine Küstenbahn wie die an der Riviera. Hinter Jsmid durchschneidet sie eine angeschwemmte Ebene und gelangt an eine andere Wasseransammlung, den Sabandjasee. Ein Wald durchwachsen und durchwebt wie ein Wald der Tropen nimmt die Bahn auf.

4*

So gelangt sie in das Thal des Saccaria, wo dieser aus dem Bergland heraustritt und in dem Schwemmland der Küste sich den Weg in das Meer reißt. Ein anmuthiges Thal. Bald sich eng zusammenziehend, sich bald behaglich ausweitend, dann wieder zu einer ansehnlichen Ebene auseinandergebreitet.

Vorhügel säumen das Thal ein, dann treten hohe Berge heran, mit Waldbeständen oder wilde Klippen aufweisend. Getreide, Reben, Maulbeerbäume, dazwischen zahlreiche Ortschaften nehmen das Thal ein und ziehen sich das Hügelgelände hinauf. Bis auf einmal das Thal in einer Art von Kessel endet und der Reisende sich fragt, wie das weiter gehen wird.

Noch eben fuhren wir am Saccaria her. Nun ist er bei einer mit Gehölz bestandenen Ecke rein wie verschwunden; denn das furchtbare Defilé, das ihn hier entläßt, dieser Riß in die Felsen, in welchem er eng zusammengepreßt, dem menschlichen Fuß keinen Platz lassend, viele Meilen hingeschossen ist, hat seinen Ausgang hinter einem hohen sich vorschiebenden Berge.

Ein etwas weiterer Riß in die Bergwand, gerade breit genug, um neben dem Fluß des Karasu Platz für die Bahn zu lassen, nimmt den Zug auf. Endlich hat er die Felswände zurückgelegt, die ihn zu erdrücken scheinen. Durch Maulbeerpflanzungen und Reben gelangt er nach Köplü-Biledjik. Dort ist der entscheidende Aufstieg auf die Hochebene, der in künstlich verlängerten Curven, durch Tunnels über Brücken gewonnen wird.

Hier endet vorläufig die Bahn.

In Biledjik stellen wir unsern Reisezug zusammen. Diesmal ist es ein Pferdevermittler aus Bruſsa, der uns mit zweifelhaften Dienern — türkischen Zigeunerstammes — und nicht ganz zweifellosen Rossen versehen hat, hoch=beinigen Ungarn und kleinen Anatoliern, ein ursprünglich gutes Material, jetzt in angenehmer Abwechselung ent=weder auf den Vorderbeinen oder auf den Hinterbeinen zu schwach.

Wir besteigen unsere Pferde, reiten im Thalweg des Karasu weiter, bis wir „oben" sind auf der welligen Hochebene von Kleinasien. . . .

Es war die alte Kreuzfahrerstraße, auf der wir die letzte Etappe vor Eskischehir, dem alten Doryläum, dahin ritten.

Die Nachmittagssonne brannte heiß auf die weite Ebene, auf die steinigen Hänge und die Stoppel=felder — kein Baum verbreitet Schatten, keine Quelle durchrinnt den Sand. Gottfried von Bouillon ist es gelungen, bei Eskischehir die Seldschuken zu schlagen und sich den Weg nach Ikonium und den cilicischen Pässen freizumachen. Auch Kaiser Rothbart ist, so=viel ich mich erinnere, noch glücklich dieses Weges ge=zogen, ehe er in dem syrischen Winkel zu Tode kam, um zu ewigem Gedächtniß in den Kyffhäuser einzugehen. Aber unserem armen Kaiser Konrad mit seinen Deutschen ist es schlimm hier ergangen. Die schweren Pferde und die Rüstungen unter dieser Sonne! Das Holz zum Ab=kochen konnte man allerdings entbehren, denn zum Fou=ragiren giebt es absolut nichts, wenn es aussah wie heute. Und dieser Durst! Die Gegend muß Uhland ge

meint haben, als er das schöne Lied vom Schwaben=
streich sang:

> Als Kaiser Rothbart lobesam
> Zum heil'gen Land gezogen kam,
> Da mußt er mit dem frommen Heer
> Durch ein Gebirge wüst und leer.
> Daselbst erhob sich große Noth.
> Viel Steine gab's und wenig Brot,
> Und mancher deutsche Reitersmann
> Hat da den Trunk sich abgethan.

Ach wie mancher Wunsch ist damals von hier nach
den heimischen Bierkrügen geflogen!

Die Eisenbahntrace zieht auf der rechten Höhenseite
das Thal entlang; bis nächstes Frühjahr wird der Bau
bis Eskischehir vollendet sein. Dann ist auch diese Kreuz=
fahrerpoesie abgethan und der Eisenbahnreisende auf den
Standpunkt des Speisewaggons reduzirt. Drei Deutsche,
die dann dieses Weges fahren, werden vermuthlich, um
die Langeweile der Route zu tödten, einen Skat spielen,
und sich mit einem Blick auf die historische Ebene be=
gnügen.

Wir haben noch Zeit genug, sie auszugenießen.

Nach Eskischehir zogen wir, der Stadt des Meer=
schaums!

Meerschaum — welch' ein seltsamer Name!

In meinen Knabenjahren hatte ich einen Kameraden,
der einen bedeutenden Theil seiner Stellung unter uns
dem Umstande verdankte, daß sein Vater, ein angesehener
Rechtsgelehrter, eine große Pfeifensammlung in seinem
Studirzimmer verwahrte. In dieses Zimmer schlichen
wir manchmal, geführt von unserem Kameraden; mit

Stolz führte er uns die Stücke vor und betonte dabei namentlich, wie „selten" sie seien.

Darunter befand sich ein gewaltiger Pfeifenkopf, bräunlich angelaufen, mit schwerem silbernen Beschlag. „Das ist echter Meerschaum", sagte unser Kamerad. Und wir wiederholten staunend: Echter Meerschaum. Dann verschwand der Kopf wieder geheimnißvoll in dem riesigen Futteral, in welchem er aufbewahrt wurde.

Meerschaum!

Unsere Knabenphantasie arbeitete, wie so etwas aus dem Meer zu Stande käme, und gerieth auf die wunderlichsten Phantasien. Es währte nicht lange, so hatte unser Professor uns unter den heidnischen Gottheiten auch von der schaumgeborenen Göttin, der aus Schaum des Meeres Geborenen, zu erzählen. Diese Göttin erschien uns im Allgemeinen zwar sehr sympathisch, nur mir fiel immer der große Pfeifenkopf des würdigen Themispriesters dabei ein . . .

Und immer weniger wußte ich die beiden Enden dieser Geschichten zusammen zu bringen.

Natürlich habe ich denn auch seiner Zeit erfahren, was es mit dem Meerschaum eigentlich auf sich hat, daß die Märchenwelt, die wir uns aufgebaut hatten, sich in eine chemische Formel auflöst, daß es sich um eine durch Zersetzungsvorgänge im Serpentingebirge hervorgebrachte leichte, weiche, fettig sich anfühlende Masse handelt. Auch über die Naturgeschichte der schaumgeborenen Göttin erhielt ich manche Aufklärung. Aber dies Wissen und die Märchen der Jugendphantasie sind doch immer durch eine unüberbrückbare Kluft getrennt geblieben, zwei Welten, die keine Berührungspunkte mit einander haben.

Sollten sie sich vielleicht in der Stadt des Orients, in Eskischehir berühren?

Vergeblicher Wahn! in Eskischehir ist am wenigsten Aussicht dazu.

Zwar zuerst ließ sich die Sache sehr gut an. Denn als wir an die Stadt herangeritten kamen, sahen wir über ihr einen leuchtenden Stern stehen, der uns die Venus, der Stern der Schaumgeborenen, bedünkte, und die erste Labung, die uns im Hotel International in Eskischehir wurde, war ein Glas Schaumwein, sprudelnd und zischend, als könne wirklich das Lieblichste, Wunderbarste sich daraus erheben.

Schließlich aber löste sich in Eskischehir die Meerschaumfrage in ein Geschäft auf.

Geschäft ist Geschäft.

Wir gingen zu Herrn Cohn aus Konstantinopel, der seit zwanzig Jahren hier den Meerschaumexport leitet, er machte auf uns einen guten und vertrauenerweckenden Eindruck. Er gab uns gute Einblicke in die Gewinnung und den Vertrieb des Meerschaums. Die Sache ist für die Welt der Raucher so interessant, daß ich die schönere und bessere Welt der Nichtraucherinnen um Entschuldigung bitte, wenn ich mit den ersteren in das Rauchzimmer abziehe.

Die Waare mit dem duftigen Namen zerfällt in vier nach der Größe abgestufte Klassen, sie heißen: Lager, Großbaumwolle, Kleinbaumwolle, Kasten! Diese vier Klassen zerfallen jede wieder in elf Unterklassen; man sieht: ein komplizirter Artikel. Der Meerschaum wird nicht nach Gewicht verkauft, sondern nach dem Inhalt von Kisten, in die er verpackt wird. In einer Kiste der ersten Qualität, Lager I, finden nur vierzig Stücke Platz, in einer Kiste der letzten Qualität, Kasten, dagegen vierhundert Stück.

Der Meerschaum wird an verschiedenen Stellen, drei vier bis acht Stunden von Eskischehir gefunden. Die besten Gruben sind die Sarisugruben. Er erscheint ausschließlich am Fuße des Serpentingebirges, nach dem Thal zu in größerer oder geringerer Tiefe. Gegen zehntausend Schächte sind in Tiefen von vier bis vierzig Meter getrieben. Die Schächte durchdringen erst feste Erde und kommen dann in ein Serpentinkonglomerat, das den Meerschaum führt. Die Lage des Konglomerats ist fast wagrecht. Manchmal streichen vier bis fünf Lager Konglomerat ziemlich dicht übereinander. Die Einlagerung ist ganz unregelmäßig, in Nußgröße bis zu fünfzig Millimeter im Kubik. Einzelne Lager sind bis auf ein Kilometer und mehr Länge ausgiebig gewesen; ein anderthalb Kilometer langes Lager ist durch Wasser dem Abbau entzogen worden.

Die Bergbaueinrichtung ist ganz eigenthümlich.

Auf Meerschaum baut hier ab, wer will; wer der türkischen Regierung fünf Pfund bezahlt, darf einen neuen Schacht abteufen.

Es ist eine Sammlung ganz ausnahmsweise wilder Gesellen, selbst für hiesige Begriffe, die sich zu dieser Arbeit zusammenfinden; sie erinnern in mancher Beziehung an die Goldgräber des fernen Westens. Eine mühevolle, gefährliche Arbeit in diesen Minengängen, die bei dem gänzlichen Mangel an Holz immer den Einsturz drohen.

Aber es ist Aufregung dabei und manchmal hoher Gewinn.

Jetzt arbeiten in den Minen ungefähr zweitausend Männer; sie kommen aus Persien und Kurdistan, aus Nähe und Ferne. Der Aufenthalt in den Minen ist ein beliebter Zufluchtsort für Leute, die sich der Justiz entziehen wollen, und für verlorene Existenzen.

In die Löcher, in welche diese Kerle kriechen, wird sich niemals ein Zaptieh hinein wagen.

Den ersten Verkehr mit dieser angenehmen Gesellschaft führen türkische Händler, welche die Stücke an den Gruben kaufen, sie nach Eskischehir bringen, nach dem Klang auf ihre Qualität prüfen und sie zu entsprechenden Stücken schälen.

Ziemlich roh noch bringt der türkische Händler seine Waare zum Europäer und schichtet sie vor ihm auf.

Die Kunst des Letzteren besteht in dem sicheren Blicke, mit welchem er die Stücke nach ihrer Klasse abschätzt und danach den Gesammtpreis richtig berechnet. Hier erhalten sie dann die letzte Gestalt und Politur.

Herr Cohn zeigte mir die für den Export fertigen Stücke ganz weiß, seifenartig. Auch die Namen Großbaumwolle und Kleinbaumwolle sind ganz gut nach der Aehnlichkeit gewählt. Ich sah Stücke von der Größe und Gestalt einer mittleren baierischen Dampfnudel und dann wieder von der einer Semmel eines fashionablen Berliner Bäckers bei heutigen Preisen. Der Werth einer Kiste der ersten Qualität ist ungefähr zweihundert fünf und siebenzig österreichische Gulden, eine Kiste der letzten Qualität kostet nur fünfzehn Gulden. Bei der Ausfuhr zieht die türkische Regierung fünfzehn Prozent des Werths als Steuer bei dem Händler ein; die Verpachtung der Steuer an Griechen, wie sie früher üblich war, ist aufgegeben.

Es muß gesagt werden: die Konstellation ist dem Meerschaum nicht günstig; die Mode hat sich zeitweise von ihm abgewendet.

Die Erfahrung kann jeder selbst machen, der zierlichen Meerschaumspitze mit dem blinkenden Bernstein begegnet man selten und seltener. Die männliche Phantasie ist ärmer geworden, und die immer mehr um sich greifende Papiercigarette erweist sich dem Meerschaum gefährlich. So ist der Werth des exportirten Materials von früher siebzig- bis achtzigtausend türkische Pfund auf vierzig- bis fünfzigtausend zurückgegangen. Auch Nachahmungen werden in den Handel gebracht, namentlich ist es ein australisches Holz, das dabei eine Rolle spielt. Doch sind dem Meerschaum auch noch Getreue geblieben und in der letzten Zeit tritt namentlich Amerika stark als Käufer auf.

Der Hauptsitz der Meerschaum = Industrie ist Wien; von dort aus werden auch die Untervertheilungen der Stücke nach den anderen Plätzen gemacht, die sich mit der Herstellung von Meerschaumwaaren beschäftigen. Paris als die Luxusstadt Europa's nimmt die besten Stücke für sich, Pest die schwersten, Brüssel die mittleren; die geringsten und billigsten bleiben für unser Ruhla.

Immer die alte Devise!

Man sieht, der Meerschaumhandel, wie er sich hier in Eskischehir abspielt, hat ein sehr morgenländisches Gesicht. Es wird wohl nicht an Versuchen fehlen, in der neuen Epoche, die sich für dieses Land durch die Eisenbahn aufthut, ihn zu europäisiren, eine Vereinigung der Gruben in europäischen Händen, ein rationeller Bergbaubetrieb könnten sicher größere Mengen zu Tage fördern. Indessen denke ich mir es keineswegs sehr leicht, den wohlbewaffneten Kerlen, die eben in den Gruben sitzen, den Bergbau auf eigene Faust zu benehmen und sie zu einregimentiren. Ob das richtig wäre, ob finanziell ersprießlich, lasse ich ununtersucht, denn der Meerschaum bleibt trotz alledem ein Phantasieartikel.

Und nun genug von ihm. Ich schließe das Rauchzimmer.

Es war gerade Markttag in Eskischehir und das Comtoir des Herrn Cohn wurde nicht leer von Kunden, würdigen Turbanträgern, die ihre Geschäfte mit einer feierlichen Grandezza abmachten. Die ganze Stadt wimmelte von Besuchern, auf zwei weitläufigen Plätzen wurde Viehmarkt gehalten und nur mit Mühe hatten unsere Pferde durch die im Bazar sich drängende Menge sich Platz machen können.

Herr Cohn führte uns auf die Plattform seines stattlichen Wohnhauses. Es liegt in der oberen, der Türkenstadt. Man übersieht von dort die Stadt, die sich den Berg hinab nach dem Pursak zieht und hinter demselben, der Bahnstation zu, wieder ansetzt. Schon erglänzten die Berge, welche die große Ebene rings um=

ragen, im Abendlichte, das seine lichtesten Töne gerade
da aufsetzt, wo es an allem und jedem Baumschlag fehlt.

Ich frug nach Gegenwart und Zukunft Eskischehir's.

— Sehen Sie hier unten die Häuser sich ziehen,
sagte Herr Cohn. Früher sprach man von zwei Stadt=
theilen. Hier, die alte, die Türkenstadt, dort über dem
langen Damm drüben die Marktstadt, der Bazar. Es
ist noch gar nicht lange, daß die dritte Stadt dazu ge=
kommen ist, links vom Pursak.

Die Stadt der Eisenbahn und der Kolonisten, diese
Stadt ist es, die wächst und der die Zukunft gehört.

Cafés und Kneipen aller Art für die Bevölkerung,
die uns der Bahnbau zugeführt hat, aber auch eine
Menge solider Elemente, die auf dauernde Ansiedlung
sich eingerichtet haben. Stundenweit haben wir hier
fruchtbaren, des Anbaus durchaus würdigen Boden. Er
wartet nur noch der Hände, die ihn kultiviren sollen.
Und diese finden sich schon ein. Vor allem sind es die
Tartaren aus der Dobrudscha, die hierher kommen. Arme
zerlumpte Leute, wenn sie ankommen, aber fleißig und
betriebsam. Es dauert nicht lange, so haben sie sich
ihren Hof eingerichtet, wenn auch nur aus Luftsteinen
gebaut und dürftig bedeckt. Unausgesetzt wird daran ge=
baut und ausgebessert und sie alle kommen sichtlich zum
Wohlstand. Immer aufs neue langt ein Trupp an und
macht dieselbe günstige Stufenfolge durch. Ein griechisches
und ein armenisches Viertel wächst sich heraus. So ist
die Bevölkerung stark im Zunehmen. Aber wie viele
Menschen könnte dies Land noch ernähren! . .

Ich frug nach den Grundstückspreisen.

Die Spekulation ist natürlich nicht ausgeblieben. Nächst dem Zukunftsbahnhofe ist bereits alles in festen Händen und die Arschin kostet viele Piaster, als vor Kurzem noch Zehn=Parastücke. Selbst der Sultan, heißt es, bekanntlich ein finanziell sehr unternehmender Herr, hat ein großes Terrain nächst der Station erworben, auf dem er ein weitläufiges Magazin zur Aufstapelung von Getreide und anderen Landesprodukten errichten will.

Ich brachte die Sprache auf die in Europa verbreitete Zeitungsnotiz von der Absicht, die unglücklichen aus Rußland vertriebenen Israeliten in Anatolien anzusiedeln.

„Ich habe nie etwas von einem solchen Plane gehört", meinte Herr Cohn, „aber ich begreife nicht, warum er nicht ausgeführt wird. So gut wie in Australien und Argentinien, würden es die Leute sicher hier haben, und es ist näher. Das Klima ist gesund, Fieber haben wir hier nicht, das Land ist wohlfeil, Wasser ist vorhanden oder überall zu finden; so ist auch ein Theil des Landes zu bewässern, er steht allerdings etwas höher im Preise. Ich weiß ja, fuhr er fort, was man in Konstantinopel sagt, Räubergeschichten und kein Ende. Das ist alles Unsinn, fragen Sie nur meine Schwester, die aus Konstantinopel bei uns zu Besuch ist. Wir haben noch in den letzten Tagen einen vier Stunden weiten Ausflug zu Fuß in die Berge gemacht, ohne jede weitere Begleitung und mit dem Gefühl der Sicherheit, als gingen wir an den süßen Wassern Konstantinopels spazieren."

Die junge Dame bestätigte das. Sie hatte nicht daran gedacht, sich zu fürchten.

„Das schlimmste Element, fuhr Herr Cohn fort, das
wir haben, sind die Tscherkessen, aber auch mit ihnen läßt
sich leben. Und daß sie jetzt, die wie die Juden ver=
trieben aus Rußland sind, die gleichen Gefühle nach
dieser Seite richten müssen, das kann sie nur näher zu=
sammenbringen.“

Das ist die Meinung Herrn Cohn's, für die ich noch
manches Bestätigende hörte. Ein Reisender, der nur
flüchtig das Land durcheilt, kann dem Urtheil einer solchen
Autorität nichts zu= oder abthun. Aber der Augenschein
lehrt, daß die Kolonisation hier gelingen kann; es ist
eine Freude, durch das tartarische Quartier zu reiten, mit
den weitläufigen Hofraithen und der behaglichen, freund=
lichen Bevölkerung.

Die Schätze, die in Anatolien zu haben sind, liegen
offen vor aller Augen.

Sie bestehen in dem fruchtbaren Boden und den
fast noch gänzlich unbenutzten Strömen, dem herrlichen
Saccaria und dem Pursak, beide zur Bewässerung und
als treibende Kraft hervorragend geeignet. Das Land
gehört der Landwirthschaft und den landwirthschaftlichen
Nebenbetrieben.

Ich kann nicht vermelden, was an mineralischen
Schätzen sich in der Erde verbirgt; Untersuchungen sind
vielfach gemacht worden und werden sich jedenfalls noch
wiederholen; ich wünsche ihnen den besten Erfolg, wenn
sie auch anscheinend noch nichts über allen Zweifel Er=
habenes an den Tag gefördert haben.

Gerade neben dem Hotel, in dem ich hier wohne
— Hotel International, ein deutsches Hotel, in dem man

ganz gut bestehen kann — liegt eine Mühle. Ein Grieche hat sich die Wasserkraft für ein geringes Geld gekauft und mahlt seit vorigem Winter unausgesetzt mit acht Steinen. Der Lärm, den es drüben im Mühl=hofe setzt, ist für die Hotelgäste manchmal störend, aber der Besitzer wird zweifellos bald zum reichen Manne werden. Noch unendlich günstiger aber liegen in dieser Richtung die Dinge am mittleren und unteren Saccaria . . . . .

An Alterthümern kann es in diesen kleinasiatischen Städten, die an so unendlich viel Geschichte laboriren, natürlich nie ganz fehlen, wenn sie auch in Eskischehir noch ziemlich bescheiden auftreten. Da auch die Ansätze zu Ausgrabungen, die bis jetzt gemacht sind, soweit ich es beurtheilen kann, der Welt nicht viel wesentlich Neues gelehrt haben, so will ich den Leser mit Aufzählungen verschonen.

Nur zu Gunsten der Thermen von Eskischehir will ich eine Ausnahme machen.

Sie bilden ja den Mittelpunkt des sozialen Lebens von Eskischehir noch heute, wie sie ohne Zweifel den der Männer von Doryläum und der Stadt, die vor diesem hier war, gebildet haben. Von Morgens früh bis zur Dunkelheit sind die Räume dicht gefüllt von Badenden und solchen, die nach vollzogener Waschung ihren Kef halten.

Die Haupttheile des Bades sind römisch oder byzan=tinisch, eine mäßige Vorhalle und dann das eigentliche Bad, ein von acht Säulen getragener Kuppelsaal.

Das heiße Wasser strömt in ein breites tiefes Bassin

die Badenden liegen auf den breiten Fließen, die das Bassin umgeben, und begnügen sich mit dem Dampfbad; es fehlt aber auch nicht an solchen, die in dem nahe an 40° heißen Wasser mit größtem Behagen herumplätschern. Das Wasser hat einen leicht salzigen und schwefeligen Geschmack. Es wird wohl kaum mehr lange währen, bis ihm von einigen Professoren genau bescheinigt wird, welchen Elementen es diesen Vorzug zu danken hat; inzwischen trinkt es sich nicht unangenehm.

Aus dem Ganzen, das unter einer grenzenlosen Vernachlässigung leidet, und zu dessen Benutzung der ganze Wagemuth des Kulturforschers gehört, ließe sich ein ganz vorzügliches Bad herstellen. Natürlich müßte es aus türkischen Händen heraus. Der erste Versuch dazu, den ein Deutscher Namens Müller gemacht hat — wie sollte er auch anders heißen? — ist allerdings mißlungen, an dem Widerspruch der Bürgerschaft gescheitert. Aber schließlich trägt fränkische Ausdauer doch regelmäßig den Sieg über türkische Zähigkeit davon.

Und wer weiß, ob ein anderer Müller nicht glücklicher sein wird und die Welt bald mit Reklamengeschmetter die Eröffnung der thermes d'Eskischehir verkünden hört! . . .

Einen wundervollen Blick habe ich von der Veranda meines Hotels auf die steinerne Brücke, die in einem stolzen Bogen über den Pursak führt.

Reiter zu Pferd und zu Esel, hochbeladene Kameele, Fußgänger, Frauen, fast immer in Haufen, füllen dieselbe unausgesetzt. Die scharfen Umrisse, das Gelb, Blau, Roth, Grün der Trachten heben sich von dem lichtblauen

Himmel so farbenfreudig ab, daß man immer nur sehen mag. Selbst die berufene Brücke von Galata mit ihrem stark europäisirten Verkehr erscheint daneben verblaßt. Jeden Augenblick zeigt sich ein Bild, das man festhalten möchte.

Warum ist kein Pasini dazu da!

Eben reitet ein Zug über die Brücke.

Es sind die Honoratioren der Stadt, die einen zurückgekehrten Mekkapilger, einen Hadschi, hereingeleiten, auf schönen Pferden, in ihren kostbarsten Gewändern. Der Zug geht zum Haus des Hadschi, wo es heute hoch hergeht.

Ganz Eskischehir huldigt dem Zurückgekehrten.

VI.

Unter den Eisenbahnern.

Angora, 2. Oktober.

Vier Tage lang waren wir durch das weite Pursak=
thal gezogen und hatten dann wieder den Saccaria über=
schritten, immer der Linie der im Bau begriffenen Bahn
folgend.

Am fünften Tage, als wir aus den romantischen
Defileen des Engurifluffes uns herauswanden, sahen wir
die Ebenen schließend noch in blauer Ferne einen Fels=
stock emporsteigen. Die Hörner desselben, die sich an
beiden Enden des Sattels erhoben, zerrissen und zerhackt,
als sei die Schneide eines Schwertes daran erprobt wor=
den. Davor zwei graue riesige Felsblöcke, als hätte
Cyklopenhand sie hingewälzt. Auf dem einen deutete sich
das graue Gemäuer einer Stadt und Festung an. Das
Ganze kam und verschwand, je nachdem der gewellte, ab=
wärts gewandte Weg sich hob und senkte. So zeigte sich
uns zuerst Angora.

Eine beherrschende Lage! Und was uns über die
kommerzielle und kriegerische Bedeutung Angoras über=
liefert ist, der erste Blick schon macht es begreiflich. . .

5*

Den Eindruck, den man erhält, wenn man von Eskischehir hierher zieht, giebt nichts besser wieder als der Ausspruch, den eine Türkenfrau halb erstaunt, halb erzürnt hier vor einigen Tagen that:

Haben denn die Fränkis Kleinasien erobert? . . . .

Denn auf dieser ganzen Strecke herrscht kein Leben als das, was der Europäer mit dem Bahnbau hierher gebracht hat. Baumlos liegt die Ebene da, wie die Kalk= und Kreideberge, die sie einschließen. Im Früh= ling ist die von allerhand Sträuchern überzogene Ebene wohl grün und lustig anzusehen; jetzt ist alles so braun und verdorrt, wie das Erdreich, auf dem es gewachsen ist. Nur wo der Pursak auf eigene Hand eine Art Sumpfgras und Wiesenkultur eingerichtet hat, ist es grün. Und dort haben sich auch Menschen eingefunden, die das hochstehende Gras und Schilf abschneiden, auf Büffel= karren verladen und abführen; man staunt, wo sie nur herkommen mögen. Und auch der türkische Steuerbeamte hat sich eingefunden, sein Zelt aufgeschlagen und erhebt den Tribut des Sultans für jeden Wagen. Wald, wo er noch ist, Wiese, Ackerfeld, Weideland liegt in unge= heuren Flächen herrenlos da; wer es besitzen will, zahlt davon die Steuer, das ist türkische Agrarpolitik.

Alle paar Stunden ein Dorf, ein paar elende, meist schon halb verfallene und verlassene Lehmhütten, dann hie und da einmal eine Heerde von Angoraziegen, die sich glänzend und silberhell von dem braunen Boden ab= zeichnen.

Der Hirt, meist ein riesiger Geselle in bunter, wohl= gehaltener Landestracht, sieht gleichmüthig die Reisenden

vorüberziehen, er hält es nicht der Mühe für werth, die
Hunde zurückzuhalten, die mit wüthendem Gebell herbei=
eilen. Starke, wolfähnliche Thiere mit Gebissen, die
Respekt einflößen. Die Karawane zieht sich zusammen
und vertheidigt sich so gut sie kann. Ehe aber die
Bestien zum entscheidenden Angriff übergehen, hat der
Zaptieh, der begleitende Gendarm, den Hirten einge=
schüchtert, der sich endlich bequemt, die Hunde zurück=
zurufen.

Als ein vortrefflicher Schutz gegen diese Plage hatte
sich uns in den letzten Tagen ein Wolfshund bewährt,
der von einer der Bahnbaustationen aus unseren Zug
als freier Liebhaber begleitete. Der Empfang, den dieser
Mitwanderer von den Hirtenhunden erhielt, war ein
überraschend freundlicher — er wurde beschnuppert und
bewedelt und die Mittheilungen, die er über unsere Per=
sönlichkeit den Mithunden machte, müssen durchaus
günstige gewesen sein; denn mit einem leisen Gekläff zog
sich die herangestürzte Schaar wieder zurück und ließ uns
ziehen.

Läßt Baumwuchs und Menschenwerk im Pursakthal
die Landschaft im Stich, so sind die Bergreihen um so
mehr am Werk, Abwechselung herbeizubringen. Sie er=
scheinen in den seltsamsten Formen, bald wie eine un=
endlich lange Mauer, dann wieder wie eine Reihe von
gerundeten, zugespitzten Grabhügeln, wie Burgruinen mit
Zinnen, Thürmen und Erkern.

Unbeschreiblich aber sind die Farben, mit denen dies
alles bekleidet ist, als hätte ein Maler seine Pinsel daran
ausgewischt oder ein Freiluftmaler sich daran probirt. Lila,

grau, roth, weiß, manchmal in regelmäßigen Strichen, manchmal die Kreuz und Quer. Dann zieht wohl auch der Schatten einer Wolke tiefschwarz über die Höhen, verdeckt für einen Augenblick das Farbenspiel und läßt es wieder, um so bunter anzusehen, zurück.

An Säulentrümmern, Steinhaufen kommt man vorüber — Zeichen, daß hier einst eine jetzt namenlose Stadt gestanden hat, als noch westliche Kultur in diesen Thälern herrschte; an türkischen Begräbnißstätten, kenntlich an den halbversunkenen rohen Steintafeln. Die Dörfer sind verschwunden; auch der türkische Eroberer ist der Oede und Unkultur, die er selbst geschaffen, unterlegen. Wir werden belehrt, daß der Rest, der von den Einwohnern geblieben ist, sich in die Seitenthäler gezogen hat, abseits der Straße, die der Beamte und der Gendarm befährt.

Auch dort sind sie nicht vergessen.

Die Konskription wie die Steuer wissen sie zu finden. Aber sie fallen doch den allezeit nach Beute ausschauenden Beamten, diesem Krebsschaden der Türkei, nicht von selbst in die Augen, sie müssen ausdrücklich aufgesucht werden.

Bei der Leichtigkeit, mit welcher hier der Bauer den Wohnsitz wechselt, und sich statt der verlassenen Lehmhütte eine neue baut, unterliegt es keinem Zweifel, daß um die Bahnstationen rasch neue Ansiedelungen enstehen werden. Die Stationen im Saccariathale umsiedeln sich schon jetzt in dieser Weise.

Jetzt wäre es eine sehr öde, weltverlassene Stimmung, höchstens eine „historische", in welcher man zu dieser

Jahreszeit in diesen Thälern reitet. Aber da ist der Franke gekommen mit seiner Eisenbahn und ein neues Leben ist mit ihm eingezogen.

Hat er das Land wirklich erobert, wie jene Türkenfrau meinte?

Für den Augenblick in einem gewissen Sinne, ja.

Denn der Eisenbahner schaltet und waltet hier mit freien Ellenbogen. Jedenfalls eine friedliche Eroberung. Verblüfft schaut der Türke auf das Treiben und läßt gewähren. Denn erstens sind ja der Eisenbahner schier eine Armee, schon durch ihre Masse und Organisation imponirend, zweitens gewinnt der Türke Geld und hofft noch mehr zu verdienen, drittens hält der Vali von Angora seine mächtige Hand über den Fremden und ihrem Werk.

Hier ein paar Worte über die Organisation des Baus.

Die Herstellung der gesammten Linie Ismid=Angora ist einer Baugesellschaft übertragen, an deren Spitze Graf Vitali in Paris steht und zu der auch die bekannte Firma Philipp Holzmann u. Cie. in Frankfurt gehört. Die Leitung des Baues liegt in der energischen Hand des Direktors Kapp in Konstantinopel. Die Linie, deren Bau gleichzeitig in Anspruch genommen wurde, ist, wie ich bereits berichtet, bis Biledjik vollendet; sie ist in drei Abtheilungen organisirt; der Leiter der ersten Abtheilung ist Oberingenieur Gäderß in Konstantinopel; die zweite wird von Herrn de Coulon in Eskischehir, einem Herrn von feiner weltmännischer Bildung, die dritte von Herrn Ossent in Angora dirigirt. Diese drei Brigaden der Eisenbahnarmee zerfallen wieder in Sektionen, an deren Spitze die Sektionsingenieure stehen, sieben von ihnen sind noch in Thätigkeit; die Arbeiten selbst werden meistens von Unternehmern, theilweise auch in Regie der Baugesellschaft ausgeführt.

Es ist ein behagliches Gefühl, wenn man am Abend eines beschwerlichen Marschtages durch das Purſakthal das Ziegeldach leuchten sieht, das die Baracke des Sektionsingenieurs deckt. Denn an Haus oder Gasthöfe ist hier nicht zu denken; man ist gänzlich auf die Gast= freundschaft der Eisenbahner angewiesen, und diese wird den Fremden in der liebenswürdigsten, herzlichsten Weise zu Theil.

Die Baracke steht regelmäßig auf einem Hügel; ein einstöckiger, einfachster Holzbau; auf der einen Seite die Büreauräume, in denen bis tief in die Nacht die Petro= leumlampen brennen — denn der Bahnbau wird mit aller Macht gefördert — dann die Wohnräume des Ingenieurs und seiner Unterbeamten; überall auch ein Fremdenzimmer. Nebenan einige Ställe, ein Magazin, das Ganze eingehegt von einem Holzzaun — eine Oase der Civilisation in dem noch aller Kultur ledigen Thal.

Und welche bunt zusammengesetzte Gesellschaft ver= sammelt sich dann des Abends um den gastlichen Tisch! Deutsche, Schweizer, Belgier, Franzosen, Polen, Griechen, Armenier, Levantiner, alle verbunden durch die Kamerad= schaft harter, mühevoller und vielfach nicht ungefährlicher Arbeit, von allem anderen Verkehr weit abgeschnitten, nur auf sich angewiesen. Den Haupt= und Mittelpunkt des

Mahles bildet überall das Huhn in allen Erscheinungs=
formen. Sonst regiert die Konservenbüchse. Das Fach
der Getränke ist reichlichst ausgefüllt; es ist wunderbar,
welche Menge von Liqueuren und Schnäpsen überall
aus den Schränken herauswachsen. Das Klima fordert
es und der Kampf mit dem Fieber, der von den Erd=
arbeiten in so humusreichem Terrain nun einmal un=
zertrennbar ist.

Wie viele wackere Männer, gute Gesellen, haben wir
so kennen gelernt; der Abschied war am Morgen oft wie
von alten Freunden. An einen der Sektionsingenieure
waren wir noch besonders empfohlen; als wir an seiner
Station angekommen waren, hatte man ihn am Abend
vorher hinausgetragen, plötzlich gestorben in voller Kraft
des Alters an einer Krankheit, die allen räthselhaft ge=
blieben ist, obgleich drei Aerzte daran beschäftigt waren.
Vielleicht gerade darum. Auf der öden Haide unweit der
Baracke, hat man ihm sein einsames Grab bereitet. Ge=
fallen im Kampf der Civilisation.

Das sind die Offiziere dieser Eisenbahnarmee.

Wer hier dient, hat schon etwas erlebt und weiß
etwas zu erzählen. Wo haben sie nicht schon gearbeitet!
In den Pampas von Argentinien und den Felsgebirgen
von Nordamerika, in Serbien, Bulgarien, in Algerien
und Syrien, am Kanal von Korinth und dem von Pa=
nama. Und dann erst die kleinen und Nebenposten, Zu=
fluchtstätten für geprüfte und gebrochene Existenzen, ver=
unglückte Kaufleute, ehemalige Offiziere aus allen Armeen,
darunter auch ein Baron aus vornehmer ungarischer
Familie, der ein kolossales Vermögen verlebt hat und

jetzt von seiner Familie wieder auf den guten Weg ge=
bracht werden soll. Er hat vorgezogen, hierher auf einen
kleinen Posten zu gehen — jeder Zoll ein Original.

— Sie verstehen wohl nicht viel vom Eisenbahn=
wesen? fragte ihn der Chef als er sich meldete.

— Bin ich schon oft auf Eisenbahn gefahren, sagte
der Ungar.

— Mehr als sechs Pfund monatlich kann ich Ihnen
nicht geben, sagte der Chef.

— Ist das auch schon zu viel, sagte der Ungar.

Nach einiger Zeit fühlte der Chef ein menschliches
Rühren:

— Sie haben zwei Pfund Gratifikation, sagte der
Chef.

— Hätt' ich von Ihnen nie gedacht, sagte der Ungar.

Die Eisenbahnarbeiter, im Augenblick wohl sechs= bis
siebentausend Mann kampiren längs der Bahn; die Europäer meistens in Baracken, die Türken, Kurden, Tartaren
in Zelten, unter Filzdecken, an manchen Stellen in den
natürlichen Höhlen der Felswände. In den Kantinen,
die sich am Wege erheben, herrscht der Italiener vor und
der Tscheche; ein rechtes Feld= und Marketenderwesen,
an den Abenden des Zahltags geht es lustig genug darin
her. Und welche Weiblichkeiten!

Wieder ein Element eigener Art bilden die Unter=
nehmer der einzelnen Loose, die sich in die Entbehrungen
dieser Einsamkeit begeben, um in kurzer Zeit viel Geld
zu verdienen, manchmal darin reüssirend und manchmal
sich auch verrechnend.

Die anatolische Bahn wird die Flußthäler hinauf

gebaut; das klingt recht einfach, aber in keinem Lande der Welt haben die Gewässer einen so verzwickten Lauf wie hier, wo die Gebirge alle quer mit dem Meere streichen, in das die Flüsse schließlich hinein sollen.

Ich brachte eines Abends die Rede darauf, wie schwer es sei, sich zu orientiren.

— Haben Sie das auch bemerkt? sagte ein Oester=reicher spöttisch, indem er eine Regie=Virginia aus der Tasche holte und sie kunstgemäß anglimmte — in irgend einer Tasche hat in jeder Lebenslage ein richtiger Oester=reicher immer eine Regie=Virginia.

Sie haben ja als Doktor die Geschicht' vom gordi=schen Knoten gehört, das Nest, das Gordium, soll hier irgendwo herumliegen. Auf das Muster von dem gor=dischen Knoten sind hier die Flüss' ineinandergearbeitet ...

In der That soll „das Nest", das Gordium hier irgendwo herumliegen oder herumgelegen haben, auf gefunden ist es meines Wissens bis jetzt nicht, obgleich seine Lage am Saccariafluß im Allgemeinen fest steht. Es kann irgend eine von den Stätten sein, wo ein wüster Haufe von Steinen besagt, daß hier dereinst eine große Ansiedelung gestanden. Vielleicht ist aber auch dies letzte Merkzeichen dahingegangener Kultur schon verschwunden.

Wäre das Flußsystem dieses Theiles von Kleinasien in der That ein gordischer Knoten, so hat ihn jetzt die Eisenbahn, den bekannten Witz Alexanders nachahmend, zerhauen; ein Irrgarten war es aber jedenfalls, in dem sich die Geographen und selbst noch Karl Ritter mühevoll abarbeiten.

Ich habe Ritter's Erdbeschreibung von Kleinasien

aus dem Anfang der fünfziger Jahre bei mir, immer noch das beste Reisehandbuch in diesen Gegenden. Es ist unglaublich, welche Autoren Ritter anzieht, um festzustellen, wo der Saccaria mit den Nebenflüssen fließt und wo er nicht fließt. Von Strabo, Livius, Ammianust Marcellinus bis zu Busbek, dem Gesandten Karls V., und dem arabischen Derwisch Ewlya Effendi; dann durch das unübersehbare Gestrüpp moderner Reisebeschreiber.

Nichtsdestoweniger mußten selbst die neueren Karten unseres trefflichen Kiepert sich mehrfach noch mit Andeutungen und Hypothesen begnügen.

Ein Reiter, der Morgens früh von den Anfängen des Saccaria südwestlich von Sivrihissar in nördlicher Richtung abreitet, kann Abends wieder am Saccaria sein, und doch ist dieser Fluß inzwischen viele hundert Kilometer geflossen: denn dieser zieht sich zuerst von Westen nach Osten, um dann nach einem ziemlichen Bogen beinahe parallel von Ost nach West zurückzufließen; die Art von Landzunge, die er dabei bildet, durchschneidet der Pursak ihrer ganzen Länge nach, ehe er sich mit dem Saccaria vereinigt. Kommt man wiederum den Saccaria von unten herauf, so ist man — ich habe das schon früher angedeutet — in Gefahr, diesen originellen Fluß mit einem Male zu verlieren und einen anderen, einen Nebenfluß, den Karasu dafür untergeschoben zu erhalten.

Das ist zwischen den Stationen der Bahn Lefkeh und Vezirkhan noch einem neueren, sehr bekannten und umsichtigen Geographen und Reisebeschreiber begegnet. Hier kommt der Saccaria aus einem Riß im Felsgebirge, in welchem gerade für ihn noch Platz ist, herausgeschossen.

Er windet sich dabei um einen breit vorliegenden Fels=
kegel herum, daß man von der Herkunft des Gewässers
absolut nichts bemerkt und der Platz des Austritts in die
Thalebene ist so dicht mit Bäumen bestanden, daß man
sehr scharf zusehen muß, um zu bemerken, was der Saccaria
in jenem Versteck treibt.

Und gerade in diesem Versteck vereinigt sich der
Karasu mit dem Saccaria. So ist die Verwechselung
sehr leicht möglich. Die Eisenbahn verläßt an dieser
Stelle den Saccaria und geht durch die Schlucht des
Karasu weiter, die noch so weit ausgedehnt werden konnte,
daß sie für die Bahnlinie Platz gewährte. Von den
Arbeitern wollte sich allerdings anfangs keiner selbst in
diese Schlucht wagen. Es ist unmöglich, sagten sie, sie
steckt voll von bösen Geistern.

Den Saccaria von hier aus aufwärts auf viele Kilo=
meter zu verfolgen, hat bis jetzt noch Niemand unter-
nommen, und auch dort weiter hinauf, wo sein Bett sich
verbreitert, erklärt Ritter den Lauf für so unbekannt, daß
man sich vielfach mit Hypothesen begnügen müsse. Ich
weiß nur davon, daß dort ein kostbarer Wein wächst, an
Geschmack, Farbe und Feuer dem edeln Tokayer ver=
gleichbar, den ich in Eskischehir in gastfreundlichem Hause
mit Vergnügen getrunken habe.

Der baulustige Kaiser Justinian wollte den Saccaria
in seinem unteren Laufe bei dem Austritt aus dem Thale
mit einer monumentalen Brücke überziehen. Auch steht
die Brücke, ein einzig schönes Bauwerk, wohlerhalten bis
auf diesen Tag da. Der originelle Fluß hat sich aber
der ihm zugedachten Ehre entzogen und seinen Weg mehr

ostwärts genommen unter Zurücklassung einer Anzahl von Fenns und Sümpfen.

Ein eigener Anblick, dieses graue Mauerwerk mitten in öber Haide.

Endlich schlägt der Saccaria den direkten Weg zum Schwarzen Meer ein, durch ein Gebiet, das die Türken das grüne Meer nennen; bis in die letzte Zeit noch so unbekannt, als läge es im fernsten Afrika statt eine Tagereise von Konstantinopel. Höchst anmuthig hat Freiherr v. d. Goltz diese Fahrt beschrieben.

Sicher ein wunderlicher Lebenslauf für einen Fluß. Dennoch fürchte ich nicht Lügen gestraft zu werden, wenn ich ihm eine große Zukunft prophezeie . . .

Auf diesen langen Tagereisen mußte uns der Gedanke beschäftigen: was wird die Zukunft der schier unermeßlichen Terrains sein, welche die Eisenbahn hier aufschließt? Bei einer so großen Strecke sind natürlich die Bedingungen des Bodens sehr vielfache; aber unangebaut ist fast alles, und überall tritt ein in hohem Grade humusreicher Grund zu Tage. Je nachdem das Terrain hoch oder tief gelegen, hat es von Trockenheit oder von Versumpfungen des Pursak und seiner Nebenflüsse jetzt zu leiden. An sich aber ist das Land quellen- und wasserreich, das Gefäll der Flüsse zur Ent- und Bewässerung genügend.

Es ist unmöglich, daß ein solches Gebiet in einem Lande von außerordentlicher natürlicher Fruchtbarkeit vor den Thoren Europas unangebaut bleiben sollte. Fehlt es doch in Europa weder an Kapitalien noch an Händen, die sich zur Verwendung drängen.

Die Besiedlung durch deutsche Kolonisten scheint mir zur Zeit schon durch die politischen Verhältnisse ausgeschlossen — die Gegenwart ist ungenügend und die Zukunft unsicher. Aber zu einer ausgedehnten Plantagenwirthschaft halte ich die Gebiete am Pursak und nach Angora herauf wie geschaffen. Noch sind die Preise der Ländereien ganz minimale; diese selbst sind in Händen großer Besitzer, die keinen Gebrauch davon zu machen wissen; man sprach mir von einem Terrain von vielen Quadrat=Kilometern Umfang, das zum Verkauf steht. Arbeitskräfte sind leicht zu haben und wohlfeil. Ein landwirthschaftlicher Betrieb, der sich auf Aussaat und Ernte beschränkt, ähnlich wie in Südrußland und Californien, wird sich bei dem Humusreichthum dieses Bodens lange Jahre führen lassen. Bei fortgeschrittener Kultur dieser Gegenden kann der intensivere Betrieb nachfolgen. An Graswuchs für zahlreiche Viehheerden fehlte es nicht, und für Obst= und Weinkultur ist das hiesige Klima überhaupt unvergleichlich. Sind wir doch in dem Lande, wo die Rebe wild wuchert und ohne jede Kultur Trauben bringt.

In einer Zeit, wo sich Rußland dem deutschen Landwirth mehr und mehr verschließt, fordert die Türkei, die ihn zu sich wünscht, seine Beachtung heraus.

Eine leichte Aufgabe beim Betrieb der Landwirthschaft im großen und größten Stil wird hier Niemand vor sich finden. Aber wie mich dünkt, eine lösbare. Die erste Aera wird allerdings die des Kampfes sein; mit den Fiebern, die frisch kultivirtem Boden entsteigen, mit den Gewohnheiten der Hirten, alles Terrain als herrenlos

zu behandeln, mit den so ganz eigenartigen administrativen
Verhältnissen des Landes. Aber in einem Boden, wo
selbst bei dem leichten Aufritzen, das man hier Pflügen
nennt, oft das vierzigste Korn keimt, ist auch der Sieges=
preis ein hoher.

Das ist, in wenig Sätzen zusammengefaßt, das Er=
gebniß fast aller Unterredungen, die ich mit den Männern
hatte, die nun schon Jahr und Tag im Lande sind, in
unmittelbarster Berührung mit den Verhältnissen, mit
welchen der Landbebauer zu zählen haben wird.

Dem Großbetrieb gehört hier die Zukunft.

Ein Umstand wird hier jedem Betriebe zu Gute
kommen; es ist dies der kräftige Luftzug, der immer auf
dieser Hochebene herrscht und welcher die Errichtung von
Windmühlen in ungewöhnlicher Weise begünstigt, nament=
lich auch zur Hebung des Wassers für Bewässerungen.
Nichtsdestoweniger habe ich in ganz Anatolien auch noch
nicht eine einzige Windmühle bemerkt. . . .

Endlos lang zieht sich die letzte Etappe des Weges
nach Angora.

Endlich erreichen wir die ersten Häuser der Stadt.

Eine einzelne Säule steht am Weg auf hohem
Postament, in übereinandergelegte Ringe kannelirt, halb
barbarischen Geschmackes; sie wird Julian dem Ab=
trünnigen zugeschrieben und hat wohl dessen Bildsäule
auf ihrem byzantinischen Kapitäl getragen. Sie ist merk=
würdigerweise gänzlich inschriftlos.{

Wir reiten am Konak des Paschas vorbei in die
grauen Straßen der Bergstadt. In Angora ist bereits
ein Hotel, Hotel Europa, von einem Deutschen oder

Oesterreicher gehalten. Von allen Unterkunftsstätten, die ich im Orient gefunden, eine der schrecklichsten, denn zu den üblichen Gerüchen gesellt sich hier ein durch=bringender Schnaps= und Biergeruch, der die ganze Häuslichkeit durchzieht.

Da erscheint Herr Offent, der Chefingenieur, der von unserer Ankunft gehört hat, als rettender Engel; er führt uns in sein geräumiges wohlgelegenes Haus, in welchem unserer der gastfreundlichste Empfang harrte. Herr Offent ist mit einer schönen griechischen Dame aus Athen verheirathet. Er selbst hat in Berlin seine Schulbildung auf der Dorotheenstädtischen Realschule und auf dem Gewerbe=Institut erhalten und hängt mit großer Liebe an seinen Berliner Erinnerungen. Wir können über Berlin und den Grunewald plaudern und es wird uns inmitten europäischer Civilisation recht heimathlich zu Muthe.

Unter unseren Fenstern ist ein Obstgarten, bewässert von einem immer rieselnden Wasserlauf, wir laben unser Auge an dem ungewohnten Anblick von herbstlichem Grün, an den sanft geschwungenen Höhenzügen; wir vergessen, wie grau und düster die Stadt ist, die hinter uns liegt, wie dräuend und unheimlich die uralte Feste von ihrem wilden Felsen herunterschaut.

VII.

Angora.

Charakteristisch für das Stadtbild von Angora sind drei isolirte Felsmassen, die von den dahinter liegenden Bergen sich abhebend, kühn in die Ebene vordringen.

Auf dem größten Felsen liegt die Feste von Angora, ein gewaltiges Gemäuer, von einem Steinwürfel, dem Kastell, gekrönt. Darunter zieht sich die Stadt Angora den Berg herunter in die Ebene.

Der zweite Fels fällt rauh und zerrissen ab, auf der Spitze nur ein vereinzeltes Grabmal zeigend.

Der dritte Fels liegt nackt da.

Zwischen diesen Felsbildungen kommen Wasser herausgeflossen; wie schmale grüne Bänder schlängeln sich die üppig bestandenen Thäler um die Wildheit des Gesteins. Ein besonderer Reiz des Bildes liegt in der Art, wie bei jedem Wechsel des Standpunkts von der Ebene aus sich dies Bild durch- und ineinanderschiebt. Bald ist es das alte Kastell, das Alles zu beherrschen scheint, dann zeichnen die weißen Minarets der Stadt helle Lichter hinein, dann ist es wieder der grüne Vordergrund, der vorschlägt.

Man kann zweifelhaft sein, von welcher Stelle des Thales oder der jenseits sich erhebenden Hügel der An=blick am meisten reizt.

Zum Beispiel von der Villa aus, die sich der Pascha von Angora auf einem rebenüberwucherten Hügel gegen=über der Stadt erbaut hat. Wie herrlich muß diese Stadt zu sehen gewesen sein, als das römisch=galatische Wesen dort in voller Blüthe stand. Als statt der grauen Lehmhäuser, die Tempel, Bäder und Paläste in ihrer Marmorpracht terrassenförmig den Berg hinaufwuchsen — noch bestaunt man ja ihre massenhaften Trümmer — als Forum und Theater sich weit in die Ebene zogen.

Oder man wendet sich nach dem stillen armenischen Kloster, eine halbe Stunde vor der Stadt gelegen, an einem mit Weiden bestandenen Bach — die Weide ist in diesem Lande, in welchem der Baumwuchs so grau=sam ausgerottet wurde, allein geschont und sorgfältig gepflegt; die Weide ist der charakteristische Baum für diese Hochebene — man denkt an die Beschreibung der Wasser=bäche Babylons im Psalm. Das Innere der Kirche in ihren Dispositionen an die Minerva Medica in Rom erinnernd, entbehrt nicht der Würde. Die Malereien zwar, welche die Kuppel bedecken, sind fast ganz erloschen und man sieht vielfach die Ziegelsteine. Die Mauern sind jedoch fast vollständig mit Fayence, blau und weiß aus der Fabrik in Kutahia belegt; die Dekoration des Altars, namentlich das Thürwerk, ist bemerkenswerth; auch die an der Kuppel aufgehängten silbernen Lampen verdienen Beachtung.

Um die Kirche ziehen sich weitläufige Baulichkeiten,

die jetzt vier oder fünf Priestern zum Aufenthalt dienen. Eine Ueberlieferung will wissen, daß Kirche und Kloster einst der griechischen Kirche gehörte und ein griechischer Bischof im Trunk sie um ein Glas Wein an einen armenischen Bischof verkauft habe. Es ist das wohl nichts anderes, als ein türkischer Witz, indessen haben die Griechen heute noch das Recht, den Kirchhof nächst dem Kloster für ihre Glaubensgenossen zu benutzen, was auf frühere Beziehungen schließen läßt.

Der armenische Mönch, der uns die alte byzantinische Kirche öffnet, erzählt uns, daß Paulus der Apostel an dieser Stelle geweilt habe. Sehr leicht möglich, daß der Apostel gerade hier gewesen, denn mit den Galatern machte er sich bekanntlich viel zu schaffen, mit diesem in den Orient so merkwürdig eingesprengten westeuropäischen Volkstheil.

Es ist, meines Erachtens, keine Täuschung, wenn moderne Franzosen in vielen Physiognomien von Bewohnern Angoras gallische Züge wahrgenommen haben wollen, wiederholt ist mir begegnet, daß ich unwillkürlich frappirt war von dem ganz französischen Gesichtsschnitt, der helleren Farbe, dem dunkelblonden Haare. Namentlich bei Knaben und Jünglingen; später scheint sich das mehr in den türkischen Typus zu verwachsen.

Und eine theaterfrohe Nation sind die Galater in Ancyra nicht minder gewesen, als es die heutigen Franzosen sind. Mit am besten bezeugt sind die Spiele, die sie hielten.

Bei einem Feste, das ein neugewählter Stadtbeamter gab, traten dreihundert Fechterpaare auf. Kämpfe mit

wilden Bestien folgten, große Schmausereien schlossen sich
an. In einer solchen Stadt die Religion der Welt=
entsagung zu predigen und aufrecht zu erhalten, war sicher
keine leichte Aufgabe und man begreift, daß dem großen
Apostel manches bittere und strafende Wort entfliehen
mochte. Die keltische Wetterwendigkeit hat er an sich
selbst erprobt. Als einen Engel Gottes nahmt ihr mich
auf. Wie waret ihr dazumal so selig. Ich bin Euer
Zeuge, daß, wenn es möglich gewesen, Ihr hättet Eure
Augen ausgerissen und mir gegeben.

So der Apostel. Und nun?!

Der Apostel geht mit beredtem Schweigen darüber weg.

Der Anblick der Stadt, der dem Zukunftsreisenden
am geläufigsten sein wird, ist der von dem im Bau be=
griffenen Bahnhof aus; einige Minuten vor der Stadt,
doch weit genug gelegen, um das Stadtbild zu einer
schönen und wohl der vollständigsten Entwickelung
kommen zu lassen. Die erste Lokomotive, die in weniger
als Jahresfrist hierher gelangen wird, predigt ja auch
mit Feuerzunge eine neue Civilisation und eine neue
Weltanschauung, wie es der große Apostel in seiner Zeit
gethan hat. Diese That der Vorzeit, dieser Aufbau einer
besseren Zukunft berührt am eigenthümlichsten hier, wo
seit mehr als einem Jahrtausend der Fremde immer der
Todfeind war und eine That der Zerstörung die andere
ablöste. Die Herstellung einer neuen Eisenbahnlinie im
Abendlande ist ein geschäftliches, im Uebrigen halb gleich=
giltiges Ereigniß, hier ist sie ein Werk von weltgeschicht=
licher Gerechtigkeit und Ausgleichung.

Und es darf uns mit Befriedigung erfüllen, daß es

Deutsche sind, von denen dies Werk ausgeht und die es leiten.

Die Karte von Kiepert weist sieben Straßenzüge auf, die in Angora zusammentreffen; das allein erläutert schon seine strategische Wichtigkeit zu allen Zeiten. Es ist das Vorwerk, der weitest vorgeschobene Vorposten Europas gegen Mittelasien gewesen, und die Schlachtfelder, die es umgeben, bezeugen, wie es dieses Berufes warten mußte.

Auf einen der frühesten Vorgänge in dieser Richtung weist der vielgenannte Spruch hin, welche das Delphische Orakel dem lydischen König gab, der seiner Zeit auf Vorwacht gegen die persischen Barbaren stand. Der Spruch, welchen König Krösus erhielt, als der Krieg gegen Cyrus drohte, wird gewöhnlich als ein Meister=werk in der Zweizüngigkeit der Delphischen Priester hin=gestellt. Indessen könnte man gerade hier geneigt sein, dem Ausspruch doch eine nicht allzutief verschleierte Deu=tung zu geben. Angora war die Grenzfestung gegen den Halys, den jetzigen Kizil=Irmak zu; es beherrscht die Defileen, die zu diesem führen. Für ein Vertheidigungs=system war die Position von Angora dem König Krösus durch die natürliche Lage gegeben; erwartete er hier den Ansturm der Perser, so konnte schwerlich eine Schlacht die ganze Macht des Königs brechen. Dadurch, daß Krösus über den Halys ging, stellte er den Ausgang des Krieges auf eine einzige entscheidende Schlacht und ihr Verlust war, den Fluß im Rücken, gleichwertig mit Ver=nichtung.

Nichtsdestoweniger ging er nicht an dem Fehler zu

Grunde, vor dem ihn die Delphischen Priester gewarnt. Er kam glücklich über den Halys und zurück.

Aber durch diese Dementirung des Orakelspruchs sicher gemacht, löste er sein Heer auf und verfiel dem Verhängniß.

So verschlungen waren die Wege des Gottes!

Das „Fremdenbuch", das die Weltgeschichte seitdem für große Männer und Eroberer hier eröffnet hat, weist eine Menge berühmtester Namen auf. Daß Alexander der Große hier weilte, der Konsul Titus Manlius die Stadt eroberte, Kaiser Augustus hier einen Lieblings= aufenthalt hatte, Harun Alraschid, der Kalif, die großen Bronzethüren vom Tempel des Augusteums wegholte und nach Bagdad brachte, daß Sultan Bajazid dann von Timur geschlagen und gefangen wurde, kann an einem solchen Orte nicht überraschen. Romantischer klingt es schon, wenn wir hören, daß die Königin Zenobia ihre Thaten bis hierher ausdehnte und gar die Königin von Saba, salomonischen Angedenkens, nach dem Berichte eines arabischen Schriftstellers in Angora einen Palast besaß.

Der letzte große Sieger, der hier weilte, war unser Moltke! . . .

Uebrigens ist die europäische Civilisation Angora eine Genugthuung schuldig, es ist eben eine Stadt des Verfalls. Die Einwohnerschaft mag zwanzig= bis dreißig= tausend betragen. Die Ziegenhaare und die Wolle, die sonst in Angora zu Stoffen verarbeitet wurden, gehen jetzt in vollständig rohem Zustand nach Konstantinopel; nur die feineren Ziegenhaare werden, je drei Haare, zu=

sammengeflochten. Im goldenen Horn wird die Masse
in den dortigen Wäschereien marktfertig gemacht, dann
geht sie in die Fabriken von England und Frankreich;
namentlich bezieht Roubaix große Quantitäten. Ob auch
Deutschland von diesem außerordentlich feinen Produkte
bezieht, weiß ich nicht. Der Kampf zwischen orientalischer
Kunst und Hausindustrie und europäischer Maschinen=
technik, der zur Verödung des Orients sein gutes Theil
beigetragen hat, hat auch die Gewerbethätigkeit von
Angora lahm gelegt. Eine Zeit lang haben die türki=
schen Beamten mit Ausfuhrverboten sich zu wehren ge=
sucht, dann wurde die Ausfuhr kontingentirt; nur ein
kleiner Theil sollte dem Export überlassen werden.

Jetzt ist die Sache so weit, daß von den Tausenden
von Webstühlen, die in Angora gingen, nur noch einer
in Betrieb sein soll und auch dessen Existenz ist wohl
fabelhaft.

Kein Cheli und kein Sef kommt mehr aus Angora,
keine Teppiche mehr. Die armenischen Kaufleute, die den
Handel mit Mohair, so heißt das feine seidenartige Ziegen=
haar, fast vollständig monopolisirt haben, führen jährlich
etwa anderthalb Millionen Kilo davon aus; die langen
Kameelkarawanen, denen wir auf den Landstraßen be=
gegnen, führen sie den Franken zu. Die Ausfuhr in
Wolle der fettschwanzigen Schafe wird auf zwei Millionen
Kilo angegeben. Selbst für den Ankauf der bei uns so
beliebten Felle der Ziegen von Angora ist hier kein Platz.
Wir werden nach Konstantinopel verwiesen, wo die Aus=
wahl besser und die Preise um vieles wohlfeiler sein

follen. Die bei uns fogenannte Angorakatze findet man hier nicht: fie ftammt aus Wan.

Es ift fehr wahrfcheinlich, daß die Angoraziegen durch die Osmanen von den Ufern des Oxus mit nach Anatolien gebracht worden find. Sie find eine kultur= feindliche Raffe. Diefe Ziegen, nicht minder wie ihre Importeure. Sie laffen keinen Baumwuchs aufkommen und gemeinfam haben fie eines der fruchtbarften Gebiete der Erde zur halben Wüfte gemacht. Kann man fich diefer kulturhiftorifchen Betrachtung enthalten, fo wird man mit Vergnügen diefe hübfchen Thierchen anfehen, mit dem blendend weißen Fell, deffen Haar feidenartig gelockt ift, wie fie fich von der braunen Haide abheben. Ein türkifcher Poet vergleicht eine im Sonnenfchein von den Bergen herabtreibende Heerde mit dem Silberfturz eines Wafferfalles und mit einer vom Sonnenftrahl ge= rötheten Feuerwolke . . .

O diefe orientalifche Phantafie! für wie viel Oede der Wirklichkeit muß fie diefe Menfchen tröften. Man follte meinen, daß fie zur Wirklichkeit gerade in umge= kehrtem Verhältniß fteht. Für uns nüchterne Weftler erfcheint das moderne Angora als ein Zufammenhang grauer düfterer Lehmhütten und Häufer in winkligen, engen, fchlecht gepflafterten Straßen. Der Derwifch Ewlya, der die Stadt vor etwa zweihundert Jahren, allerdings in wohl noch etwas günftigeren Verhältniffen fah, findet kein Ende der Befchreibung ihrer Herrlich= keiten. Er zählt auf ihre 170 Springquellen, ihre 3000 Brunnen, 76 Mofcheen, 15 Derwifchklöfter mit Mofcheen, in deren größtem, dem Hadfchi Beyram 3000 (!) Derwifche seines Ordens seien. Drei Häuser seien zum Vorlesen des Korans bestimmt, 200 Bäder, 70 Paläste mit Gärten, 6660 Häuser, 2000 Knaben und Mädchen, welche den Koran auswendig hersagen können, 1000, die auch die Kommentare zu rezitiren wissen. Auch ein Wundermann war hier, ein heiliger Derwisch ohne Haare, ohne Augenbrauen, ohne Bart und ohne Augenlider, der Mirakel verrichtete, die mit so großen Vorzügen im Verhältniß standen.

So der begeisterte Derwisch Ewlya.

Man kann ihm ohne Weiteres zugeben, daß Angora zu seiner Zeit eine rechte Pfaffenstadt war.

Und das ist es noch heute.

Denn als wir das Hauptmonument von Angora besuchten, die Ruine des Tempels des Augustus und der Roma, waren wir alsbald von einer Schaar müßiger, neugieriger Mollahs und Derwische aus der nebenanliegenden Moschee umgeben, so daß der ganze nicht unbedeutende Raum geradezu von ihnen angefüllt war. Den größten Eindruck macht das große Eingangsthor in den Tempel: es liegt etwas Erhabenes in diesen großgegliederten Verhältnissen. Die schmutzige Umgebung aber und die Verwendung der Ruine als türkischer Friedhof stört.

Man hat die Empfindung von einem Juwel, das zerbrochen und in den Koth geworfen ist. . . .

Augustustempel und Castell in Angora.

Das Augusteum ist einer der zahlreichen Tempel, welche Schmeichelei und Knechtssinn der unterworfenen

Völker der Gottheit des Kaisers Augustus errichtete. Augustus nahm diesen Tempel nur unter der Bedingung an, daß derselbe gleichzeitig der Göttin Roma geweiht wurde. Das Augusteum zu Angora ist von den gesammten Städten Galatiens errichtet worden. Es zeichnet sich durch seine Größe, durch die Eleganz der Aufführung und durch den Grad von Erhaltung aus, den es aufweist. Mit der Inschrift hat es folgende Bewandtniß. Die Galater hatten den glücklichen Einfall, auf den Wänden des Tempels eine Abschrift des lateinisch abgefaßten Testamentes von Augustus anzubringen, dessen Original in Rom auf zwei Erztafeln aufgestellt war und das uns nur in dieser Abschrift erhalten ist. Auch eine griechische Uebersetzung ist beigefügt.

„In meinem 18. Jahre stehend, so beginnt das Testament, habe ich auf meine Kosten eine Armee ausgehoben, mit der ich der durch eine Faktion unterdrückten Republik die Freiheit wiedergab ... Ich habe Feldzüge zu Wasser und zu Land geführt, gegen die ganze Welt, als Sieger habe ich verziehen ...“

Die Berliner Akademie hat die Inschrift vor etwa zehn Jahren auf Anregung Mommsens durch Herrn Humann abgießen lassen.

Eine weitere Inschrift belehrt uns, daß der Tempel auf einem Platze aufgeführt war, der zu öffentlichen Versammlungen bestimmt war, daneben ein Hippodrom sich befand und das Ganze durch Phylaemenes, den Sohn von Amyntos, letztem König von Galatien, eingeweiht war. Diese ganze Gruppe von Bauwerken bildete einen Theil der Unterstadt, welche zu römischer Zeit der befestigten Stadt angebaut wurde. Die Inschrift ist eine fortlaufende Chronik des Tempels und der daran sich knüpfenden Spiele.

Der Kultus des Augustus, dem zahlreiche Oberpriester und Genossenschaften oblagen, erlosch mit dem Siege des Christenthums; in den Besitz des Tempels gelangten die Christen jedoch erst im vierten Jahrhundert und geraume Zeit nach der letzten, der Diokletianischen Verfolgung. Es ist überliefert, daß Kaiser Julian der Abtrünnige bei seiner Anwesenheit in Ancyra von den Priestern des Augusteums als Wiederhersteller der alten Religion gefeiert wurde.

Es ist nicht möglich, mit Sicherheit festzustellen, welcher Theil der Zerstörung des Tempels bei der Umwandlung in eine christliche Kirche erfolgte; ich folge hier der Forschung Perrots. Als wahrscheinlich muß angenommen werden, daß dabei ein Theil des Portikus eingerissen wurde, um daraus den niedrig gewölbten Chor und die Krypta herzustellen, von denen noch ansehnliche Reste erhalten sind. Jedenfalls hat der christliche Kultus eine Erweiterung des Raumes nöthig gehabt, gegenüber dem Heidenthum, welches die Gläubigen nicht in den Tempel selbst zuließ; es wurde daher durch Entfernung der hinteren Mauer die Cella vergrößert, dabei wurden auch die Säulen zwischen den hinteren Anten und die korrespondirenden Säulen der Façade entfernt. Der vordere Vorbau wurde dagegen geschont und bildete den bei keiner byzantinischen Kirche fehlenden Nartex. Ebenso wurden die Fliesen weggenommen und der Boden der Cella auf das Niveau des Vorbaues erniedrigt. Die vor der Thür liegenden Treppenstufen wurden entfernt und die enorme Schwelle abgesägt. Zur Erhellung des Innern, das sein Licht nur durch die Thüre bekam, brachen die Christen in die südöstliche Mauer drei Fenster, indem sie dabei geschickt bedacht waren, die Festigkeit des Baues nicht zu schädigen.

In diesem Zustand blieb der Tempel und diente zur Kirche bis zu den Einfällen der Perser, der omajadischen und abassidischen Kalifen, der Seldschuken und endlich der Osmanen. Es wird, wie ich bereits erwähnte, erzählt, daß der Kalif Harun-al-Raschid die Pforten nach Bagdad verbracht hätte; eine genügende Beglaubigung dieser Erzählung liegt jedoch nicht vor. Für eine Moschee war jedoch der zur Kirche umgebaute Tempel zu klein, es wurde daher unmittelbar daneben eine Moschee erbaut und nach den Vorschriften des Korans erweitert. Die Moschee stützt sich auf die Mauer des Pronaos. Was aus dem Portikus und dem Dache geworden ist, ist nicht bekannt; die Moschee weist jedoch keine Fragmente des Tempels auf, und ist daher die Erzählung unrichtig, daß sie aus Steinen desselben errichtet wurde. Die Medresse oder Schule, welche sich fast bei jeder Moschee findet, befand sich eine Zeit lang in den Tempelraum eingebaut, ist aber heute daraus verschwunden. Die plumpen Oeffnungen, in welchen die Dachbalken lagen, sind dagegen noch zu sehen.

Jetzt ist der ganze Raum innerhalb der Ruinen und zwischen ihnen und der Moschee als türkischer Kirchhof benutzt. Die der Moschee gegenüber liegende Tempelmauer wird von aus Luftziegeln aufgeführten türkischen

Häusern als Stützpunkt benutzt. Im Jahre 1834 erlitt die Ruine eine neue Schädigung; ein Scheik der Moschee, Abkömmling des Gründers derselben, Hadji Bairam, ließ einen Theil der Mauern der Cella in der nordöstlichen Ecke abtragen, um die Steine zur Errichtung eines Bades auf seinem Landhause zu benutzen. Diese Handlungsweise stieß aber auf allgemeinen Widerspruch, und der Scheik mußte seine Zerstörungsarbeit einstellen. Die türkische Verwaltung wird weitere Zerstörungen nicht mehr zu= lassen; doch könnte allerdings manches geschehen, um das Monument würdiger zur Erscheinung kommen zu lassen.

Der Tempel ist aus weißem Marmor, ähnlich dem in den Ruinen von Pessinuet gefundenen, er fällt in grobe sphärische Körner auseinander und hat weder die Feinheit noch die Härte des pentelischen Marmors. Die Fundamente sind dagegen in gewöhnlichem Stein. Die Blöcke sind von außerordentlicher, aber ungleicher Größe, einige der= selben haben beinahe 4 Meter Länge, der Querbalken der Pforte hat 4,50 Meter und die beiden Blöcke, welche die unteren Theile der Pforte bilden, 5 Meter. Die Dicke der Mauer beträgt 1 Meter. Bewundernswerth ist die Genauigkeit der Verbindung der Blöcke, damit an die Akropolis in Athen erinnernd, so daß manchmal die Ver= bindungslinie kaum wahrgenommen werden kann. Dazu kommt, daß ein jeder Stein mit seinen Nachbarn durch ein doppeltes System von eisernen Haken verbunden wird, so daß wir unter gewöhnlichen Umständen den Tempel für unzerstörbar halten könnten.

Von der Begründung Ancyras ab hat jedenfalls eine befestigte Umwallung die Spitze des langen schmalen

Hügels umzogen, auf welchem die Stadt erbaut ist. Dieser Hügel fällt gegen Norden in einen steilen Ab= grund ab und zieht sich gegen Süden in die Ebene hin= ein. Gegen Osten zeigt der Hügel fast seiner ganzen Ausdehnung nach den Anblick einer gewaltigen Felsmauer, deren Ersteigung beinahe unmöglich ist; im Westen wiederum ist der Abstieg gelinder, er zieht sich über breite Stufen hin, um die sich Häuser gruppiren konnten, so daß sie sich untereinander Luft und Sonne nicht ent= ziehen. Von der Mauer, die diese starke Position zu Zeiten Alexanders des Großen und des Konsul Manlius vertheidigte, ist nichts mehr zu sehen; doch dürften die Fundamente aus jener Zeit noch vorhanden sein.

In der friedlichen Zeit der ersten zwei Jahrhunderte des römischen Kaiserreiches sind die Befestigungen jeden= falls verfallen oder gar theilweise abgetragen worden. Im dritten Jahrhundert, als die Einfälle der Barbaren begannen, wurde die Ummauerung wieder hergestellt. Eine noch vorhandene Inschrift belobt Denjenigen, „der inmitten von Hungersnoth und Einfällen der Barbaren die ganze Mauer von den Grundlagen bis zur Spitze wieder aufgerichtet hat".

Diese Ummauerung ist seit dieser Zeit zu vielen Malen angegriffen, durch die Maschinen der Belagerer zerstört und durch die Sieger wieder hergestellt worden, die sich nun ihrerseits befestigten. Eine Ueberlieferung führt die letzte der alten Rekonstruktionen auf den Sultan Al=eddin von Iconium zurück; Ibrahim Pascha, Sohn des Vicekönigs Mehamed Ali von Egypten hat während der wenigen Jahre, daß die Egypter Kleinasien besetzt hatten, nochmals die Mauer wieder hergestellt, welche die Stadt der Ebene zu beschützt.

Der heutigen Waffenkunst gegenüber hat die Befestigung jeden Werth verloren und ist diese dem Verfall überlassen.

Die untere Stadt, in der sich die reichsten Häuser und wichtigsten Bazare befinden, ist von einer Mauer umgeben, welche dem Zug des Hügels folgt oberhalb des großen Absturzes, vom Fuße dessen der Tabak-hanet-schai fließt und zieht am Fuße des Hügels nach der Ebene zu. Oberhalb der Unterstadt, nahezu in der Mitte des nach Westen gewendeten Abhanges, auf welchem die Oberstadt liegt, läuft parallel mit dem Hügelrand eine erste Linie von Mauerwerk, das durch Thürme flankirt ist. Dieses Mauerwerk schiebt sich zwischen die Stadt und die die Citadelle (Kale) genannte Oertlichkeit. Diese ist abweichend von dem im Orient üblichen Brauch der Absonderung der Religionsgenossen nach Quartieren von Türken und Christen bewohnt.

Tritt man durch die Thorwache ein, die kein Soldat mehr bewacht, so befindet man sich in dem die äußere Citadelle (Dichari-Kale) genannten Raume. Bei weiterem Anstieg findet man sich nach kurzer Zeit gegenüber einer weiteren Ummauerung, die gleichfalls von Thürmen flankirt ist und welche die innere Festung (Inch-Kale) genannt wird.

Die Mauern dieser innern Festung enthalten eine besonders große Menge von Inschriften und antiken Bruchstücken. Auf der Ostseite fällt hier der Fels schroff ab, so daß eine Reihe von Inschriften nur mit dem Fernrohr gelesen werden können.

Im Mittelalter, wo der Besitz dieser Festung ein so umstrittener war, gruppirten sich um diese Citadelle die letzten Vertheidigungsmittel.

Man bemerkt hier unter Trümmerhaufen die Ueber=reste alter Magazine und Cisternen. Dieselben dienten im Jahr 1800 zum Gefängniß, als man die im egyptischen Feldzug gefangenen französischen Soldaten nach Angora schickte. Um stets zum Wasser gelangen zu können, hatte man einen überwölbten Weg hergestellt, der von der Citadelle aus den steilen Absturz hinunterleitete bis in die Tiefe des Grabens, wo eine Quelle das beste Wasser der Stadt giebt; ein starker Thurm ist zu seiner Ver=theidigung aufgeführt, der durch diesen bedeckten Weg mit der Stadt verbunden ist. Der Weg zweigt von der Citadelle ab, nächst dem ungeheuren Thurm, weißer Thurm (Ak=Kale) genannt, der die Nordostelle der ganzen Enceinte einnimmt und den höchsten Punkt derselben bildet. Hier auf einem von drei Seiten durch Abgründe geschlossenen Raum war der Schlüsselpunkt der Befesti=gung und der Platz, wohin sich die letzten Vertheidiger zurückzogen.

Die Bevölkerung von Angora trägt sich mit aller=hand Märchen über diesen Thurm, über eine eiserne Pforte, die sich daselbst befände und die nach einer An=zahl verborgener Gänge leite, die mehrere Meilen weit in der Umgegend ausmünden sollen. Zu diesen Dich=tungen hat offenbar der gedeckte Weg zur Quelle Anlaß gegeben. Dieser indessen ist keine hundert Meter lang und von so plumper Konstruktion, daß er höchstens aus dem Mittelalter stammt.

Löwenbilder sind das Wahrzeichen von Angora.

In der Festungsmauer bemerkt man eine Anzahl von Löwen aus Stein; einzelne davon sind antik, während andere wieder aus dem Mittelalter stammen. Noch heute sind Löwen als Dekorationen in Angora beliebt, wie solche sich in den Landhäusern der reicheren griechischen und armenischen Kaufleute häufig finden.

Die arabische Baukunst hat in Angora sehr bemer=kenswerthe Spuren hinterlassen.

Die ältesten moslemitischen Werke sind die Moschee Arslan=Hane, in deren Hofraum ein interessanter antiker Löwe liegt und die schmucke vieleckige Türbeh ihr gegen=über, in welcher der Vezier ruht, welcher die Moschee er=bauen ließ. Die kleine Kuppel, die sie bedeckt, macht einen guten Eindruck. Die Ornamente des Holzsarges über dem Grabe sind von origineller Erfindung. In dem Quartier hinter der Citadelle befindet sich eine kleine Moschee mit einer eleganten Pforte. Bemerkenswerth ist auch die Moschee Meoli=Hane mit der anmuthigen Tür=beh nebenan. In der inneren Citadelle bietet die ver=lassene und halbzerstörte Moschee Alla=eddins Einzelheiten von vorzüglichem Geschmack. Die Subkonstruktionen der Moschee sind aus Fragmenten antiker Bauten hergestellt. Die Moschee Hadji=Beiram ist weniger alt. Die Wände von Fayence.

Und nun genug vom alten Angora. . . .

VIII.

Das Angora von heute.

Angora, 3. Oktober.

Von dem, was das moderne Angora darbietet, finde ich am meisten lobenswerth das Obst und den Honig.

Das Obst von Angora genießt zwar in Konstantinopel einen besonderen Ruf, in Europa ist es keineswegs bekannt und gewürdigt. Ich zweifle aber nicht, daß es in kurzer Zeit seinen Weg auf unsere Luxustafeln machen wird. Namentlich sind Pfirsiche und Aprikosen von außerordentlichem Wohlgeschmack; sie sind, wie man mir erzählte, in großen Massen zu haben. Ganz unglaublich ist der Segen an Birnenobst. In dem Garten vor meinem Fenster sind die Bäume geradezu überschüttet; es ist eine Winterbirne, die man nach dem ersten Frost bricht. Man läßt fallen, was fallen will, und von dem was man bricht, wird nur das wenigste verwerthet.

Den Preis aber ertheile ich dem Honig von Angora, der den süßesten, aromatischsten Geschmack hat, den ich je kostete. Er verdankt ihn einer Spiräenart, von der sich die Bienen nähren. Die Bienenstöcke, die man sieht, sind lange und tiefe Cylinder aus Weidengeflecht, die

7*

vorn mit Lehm verklebt werden. Mit den Bienen selbst geht man auf die roheste, brutalste Weise um; dennoch wissen sie sich durchzuschlagen und ihrem Produkt verspreche ich eine große Zukunft.

In einem Lande, das neu erschlossen wird, fehlt es natürlich nicht an den verschiedensten Plänen. Man spricht von Minen aller Art, von Blei, Kupfer, Kohle, von Asphalt und Verwandtem. Gewißige Leute betrachten solche Projekte immer mit wohlbegründetem Mißtrauen; es mag indessen sein, daß unter dem Spreuhaufen wirklich ein Korn liegt. Durch Mineralquellen, kalte und warme, zeichnet sich nach glaubwürdiger Mittheilung die Umgegend von Angora aus. Es muß der Beschreibung nach in dem Reichthum daran an den Taunus erinnern. Nannten doch auch die Alten, deren Diätetik hauptsächlich in Bädern bestand, dies Gebiet Galatia Salutaris, das heilkräftige Galatien.

Gegenüber diesen Wasserschätzen darf es doch nicht wundern, daß unter den nach Angora versprengten Deutschen der Gedanke der Errichtung einer Branerei aufgetaucht ist und daß er unter findigen Armeniern beider Riten Beifall findet. An Gestein zu Felsenkellern und an Eis fehlt es hier so wenig wie an preiswürdiger Gerste. Die Herstellung eines leichten Bieres wäre eine wahre Wohlthat für dieses Land, in dem der Wein so hitzig, das Wasser so fiebergefährlich und der Durst so groß ist.

Wenn einmal am Bahnhof zu Angora der klassische Ruf erschallt: Warme Würstchen, Glas Bier gefällig!

dann wird Deutschland in Kleinasien den Fuß im Steig=
bügel haben.

Angora ist mit weltlichen und geistlichen Würden=
trägern stark besetzt. Der Generalgouverneur der Pro=
vinz, der Generallieutenant einer Division, deren ganzer
Truppenbestand in Urlaub ist, der Generalprokurator,
die Erzbischöfe des griechisch=orthodoxen, des armenisch=
gregorianischen und des armenisch=katholischen Ritus sind
hier die sogenannten Spitzen; man weiß, daß dabei das
dicke Ende nachkommt. Von diesen Herren konnte mich
nur der Generalgouverneur, der Vali, interessiren; dieser
aber sehr stark. Es ist einer der vielbesprochenen Paschas
der türkischen Bureaukratie und die nächste Entwickelung
Anatoliens liegt zum guten Theil in seiner Hand.

Abeddin Pascha, so ist sein Name, ist ein Albanese,
irre ich nicht, aus Janina, bei seinen nächsten Lands=
leuten so populär, daß das alberne Gerücht entstehen
konnte, Abeddin Pascha wolle sich zum unabhängigen
Herrscher von Albanien machen. Jedenfalls giebt ihm
seine Stellung in seinem Clan einen starken Rückhalt
dem Jildis Kiosk und den Effendis von Konstantinopel
gegenüber, denn mit den Albanesen muß man sich halten,
sie bilden in Armee und Beamtenschaft jetzt das kräftigste
Element, wie sie seiner Zeit das Rückgrat der Janit=
scharen abgaben.

Der Konak von Angora ist ein weitläufiges Bauwerk
von außen ungefähr anzusehen wie eine gewaltige Scheune
mit Fenstern; von Innen nicht viel anders. Ich wurde
von meinem Gastfreund, dem Inspektor des Bahnbaus,
Herrn Ossent, beim Pascha eingeführt, mit dem er in in=

timer Weise verkehrte; denn in Anatolien baut man die Eisenbahnen in gewissem Sinne doch anders wie in Europa und der Inspektor hier verhält sich zu einer ähnlichen Charge im Westen ungefähr wie der Gouverneur von Kamerun zu einem preußischen Landrath.

Der Saal, in welchem wir den Pascha fanden, war größer und leerer als irgend einer, in dem ich noch einen Pascha hatte sitzen sehen. In dem äußersten Winkel am Fenster hatte der Pascha sein Bureau; es bestand aus der unentbehrlichen kleinen Handtasche, in welcher die dazu verurtheilten Skripturen verschwinden, und einem Tintenfaß. Akten finden nur in Ausnahmefällen statt und zur Unterlage des Papiers beim Schreiben dient dem Türken die linke Hand, was nach jeder Richtung zur Kürze auffordert.

Abeddin Pascha hat ein scharfgeschnittenes Gesicht, einen durchdringenden und verschlagenen Blick, den er kurz und stoßweise wie seine Rede an sein Gegenüber richtet. Wenn ich ihn in Europa getroffen hätte, würde ich ihn unzweifelhaft für einen Bankier gehalten haben. Als er sich erhob, sah man, daß er von großer Gestalt war, aber er trägt sich gebückt und sieht wie alle Türken von Distinktion weit älter aus als seine Jahre. In der Türkei schmeichelt man bekanntlich einem vornehmen Manne nicht mit seiner Jugend, sondern mit seinem Alter. Wie alt und müde siehst du aus, ist das Kompliment, das der pflichtgetreue Beamte am liebsten entgegennimmt. Und gern bedient er sich der stützenden Hand der Diener, die ihn die Treppen hinaufgeleiten.

Abeddin Pascha ist jetzt sechsundvierzig Jahr alt,

bereits fünf Jahre Vali von Angora, vorher mehrere Jahre Minister des Auswärtigen und Pascha von Adania, wo er als Andenken einige schöne Landgüter behalten hat. Man sieht, die preußische Assessorenkarrière hat er nicht zu machen gehabt.

Unser Gespräch begann, wie hier zu Lande üblich, mit der neuen Eisenbahn und den Folgen, die sie haben wird.

Vierfünftel des bebaubaren Landes, erklärte der Vali wiederholt mit Emphase, liegen wüst; hier, sagte er, müßte das europäische Kapital eingreifen, dessen Werth und Bedeutung der Vali offenbar zu schätzen weiß; auf seine Mitwirkung könne man unter allen Umständen zählen, er stehe für unbedingte Sicherheit. Mit europäischen Maschinen, mit den billigen Arbeitskräften könne man große Strecken abbauen, denn hier zählen die Land= güter nach Kilometern.

Nachdem der Pascha diesen Theil seiner Mittheilungen vollendet hatte, brachte er die Rede auf — den Fürsten Bismarck. Er fragte mich eingehend nach dessen Gestalt und Wesen, wie der Fürst im Reichstag rede, ob seine Sprechweise schnell oder langsam sei. Als ich ihm er= zählte, daß Fürst Bismarck manchmal in seiner Rede inne= halte, als ob er nach dem richtigen Wort suche, bemerkte der Pascha, so etwas komme bei den Männern vor, die zu wenig und die zu viel Gedanken haben; wie ich mir dies bei dem Fürsten Bismarck erkläre? Ich sagte, als Minister des Auswärtigen müsse er darüber ja selbst seine Erfahrungen gemacht haben.

Da lächelte der Vali.

Das alles war wohl die Vorbereitung auf die Haupt=
frage, die er plötzlich wie mit der Pistole auf mich ab=
schoß: sind die Deutschen zufrieden, daß jetzt General
Caprivi statt Fürst Bismarck regiert? . .

Diesen in Deutschland noch immer nicht einstimmig
entschiedenen Fall fühlte ich mich unfähig, mit dem Pascha
von Angora gründlicher zu verhandeln. Ich erklärte ihm,
daß Bismarck ein großer Mann sei, daß es indessen in
Berlin wäre wie in Konstantinopel, wo es bei jedem
Wechsel der Machthaber Leute giebt, die zufrieden, und
solche, die unzufrieden sind.

So habe der Sultan ja jetzt auch Kiamil Pascha
entlassen.

Als ich den Pascha damit auf das brennende Ge=
biet des Augenblicks geführt hatte, lächelte er wieder
und fragte mich, wie lange ich noch in Angora zu ver=
weilen gedenke.

Nun schieden wir mit biederem Händedruck . . . .

So etwa präsentirt sich das Angora von heute. Das
von morgen wird jedenfalls sehr bedeutend anders aus=
sehen, denn es steht im Begriff, aus einer stillen ver=
fallenen Landstadt in den zeitigen Ausgangspunkt einer
großen Bahn sich zu verwandeln. Ein großes fruchtbares
Hinterland gliedert sich an und aus einem Rayon von
annähernd zweihundert Kilometer wird nach den heutigen
Preisen der Transport von Getreide auf Büffelkarren
nach Station Angora sich bezahlen.

IX.

Peſſinunt. Die phrygiſchen Königsgräber.

———

Sidi Ghaſi, 7. Oktober.

Drei Kultusſtätten hatten wir beſchloſſen auf dem Rückweg von Angora nach Eskiſchehir aufzuſuchen. Denn wie heute noch das Volksleben hier von dem Kultus beſtimmt iſt, von ihm aus allein begriffen werden kann, ſo war Kleinaſien zu allen Zeiten ein fruchtbarer Nähr=boden des Prieſterthums. Unſere Zielpunkte waren die Ruinen von Peſſinunt, der Tempelſtätte Kybeles, der großen Göttermutter.

Dann die Nekropole der altphrygiſchen Könige mit dem berühmten Grabmal des Midas.

Endlich Sidi Ghaſi, das Grabmonument des be=rühmten arabiſchen Kriegers und Heiligen Sidi Ghaſi Battal.

Dieſe intereſſante Tour wird man nach Vollendung der Eiſenbahn bis Angora am beſten von der Station Bitſcher machen. Von dort kann man jetzt in drei bis vier Stunden Sivrihiſſar erreichen, nach dem Bau der Chauſſee, die wenigſtens ſchon geplant iſt, in anderthalb bis zwei Stunden. Von Sivrihissar bringen anderthalb Stunden Reitens nach Bala-Hissar, dem Dörfchen, um welches die Ruinen von Pessinunt liegen.

Wir waren noch von Angora die südwestliche Straße gezogen, durch das alte Land der galatischen Männer, an der alten Bergfeste vorbei, die als die Feste Olympos angesehen wird, welche der Konsul Titus Manlius bei seiner Eroberung Galatiens erstürmte. Die Befestigungs= weise der Galater bestand in der Aufthürmung cyklopisch gefügter Mauern um große unbebaute Felshöhen, offen= bar zum Zwecke, im Kriegsfall sich mit Heerden und Vor= räthen dahin zurückzuziehen. Wem die cyklopischen Mauern nächst dem Kloster von St. Odilien im Elsaß bekannt sind, der kann sich auch von diesen Bergfesten einen Begriff machen. Nur daß man hier nicht in die gesegnete Rheinebene schaut, sondern auf die in das Saccariagebiet fallenden Thäler mit ihren welligen Gründen, die zu Weideland dienen; Mühlen und Ge= höfte vereinzelt, auf halbe Tagesreisen.

Von weitem zeichnen sich schon die wunderlich ver= zackten Trachytfelsen ab, an deren Südabhang die Stadt Sivrihissar — Spitzschloß — liegt. Denn wie ein riesiges Kastell erscheinen diese Felsthürmungen. Ein schönes wohlangebautes Thal leitet bis zu dem Fuße der Höhe, welche von dieser Felsgruppe gekrönt wird.

Dann öffnet sich jenseits Sivrihissar die große herrlich gebreitete Landschaft.

In ihr zogen wir der alten heiligen Bergmutter zu, deren Sitz zu einer so erhabenen priesterlichen Würde herangereift war, daß selbst die Römer in der dringendsten

Gefahr, in der sie jemals gestanden, als Hannibal vor
den Thoren war, keinen besseren Rathschluß fanden, um
den gesunkenen Muth des Volkes zu heben, als sich durch
Vermittlung des Königs Attalus von Pergamon den
schwarzen Stein von den Priestern in Pessinunt aus-
zubitten und ihn feierlich nach Rom zu überführen.

Der Kultus, der sich hieran knüpfte, hat in dem
weltbeherrschenden Rom eine bedeutende Rolle gespielt.
Der Stein, der in Rom dem Scipio Africanus als „dem
gerechtesten Manne“ überliefert wurde, war, nach der Beschreibung zu schließen, ein Stück Meteoreisen, als solches
„aus dem Himmel“ gefallen. Es wurde in Rom einer
Statue der Roma in den Mund gegeben, war also wohl
kein besonders großes Stück.

In diesem ganzen Landstrich findet man zahlreiche
Steinbilder von Löwen, es ist das der Kybele heilige
Thier, sie wird dargestellt auf einem von Löwen und
Pardeln gezogenen Wagen. Ihr Gefolge aber genoß im
Alterthum des allerschlechtesten Rufes — eine Mischung
von heiligem Wahnsinn, wie ihn heute die heulenden und
tanzenden Derwische pflegen, mit dem schlimmsten Gaukler-
und Gaunerthum, bei denen der Dienst der Allmutter
und Allgebärerin in den wildesten Sinnentaumel und in
die rohesten Ausschweifungen ausgeartet war.

Der Lieblingssohn der Kybele aber ist Attis, jener
Jüngling mit der phrygischen Mütze und dem Stier, dem
ich auf den Grabmonumenten in meiner rheinischen Heimath
so oft begegnet bin, somit fast ein alter Bekannter. . . .

Der Franzose Texier, der zuerst die Ruinen der alten
Priesterstadt auffand und ihre Identität feststellte, hat

eine großartige Schilderung von den Resten gegeben, die er vorfand. Seitdem muß die türkische Zerstörungsarbeit aber munter vorwärts gegangen sein, denn weder von den aufrechtstehenden Säulenreihen, noch von den sonstigen Herrlichkeiten, die er beschreibt, habe ich etwas gefunden. Nur das alte Theater, das in die Felswand eingetrieben ist, läßt sich in seinen Sitzreihen vollständig erkennen und Trümmer von Säulen und sonstige Bautheile sind über große Flächen ausgestreut.

Unzerstörbar aber ist der Reiz der von einem Gebirgs= kranz eingeschlossenen weitgebreiteten Ebene.

Was muß sie erst gewesen sein, da sie wohlangebaut mit Städten und Flecken besät dalag, als die jetzt ent= waldeten Berge mit den Fichten und Eichen bestanden waren, die der Berggottheit besonders geheiligt waren. Das war doch eine kluge Priesteridee, als gegen die Zer= störungswuth der Menschen die heiligen Haine erfunden wurden.

Den schönsten Ueberblick hat man, wenn man das Plateau betritt, das sich unmittelbar hinter dem Theater erhebt. Hier zeigen noch in Reihe liegende Marmor= quadraten an, daß Tempel oder Paläste dagestanden haben müssen.

Wie bezeugt wird, hat König Attalos von Pergamon den Tempel der Kybele prachtvoll umgebaut, wir sind also hier auf den uns von Berlin aus so wohl bekannten pergamenischen Spuren. Daß Nachgrabungen, wie sie wohl sicher nicht ausbleiben werden, ähnliche Ergebnisse wie die bei Pergamon haben würden, dafür liegt in der That nicht der entfernteste Grund vor. Es ist mehr Zu=

fall, ob das Graben Erfolg haben wird; aber graben wird man sicher; denn je mehr der ideale Zug im Alterthum uns entschwindet, um so mehr klammert man sich an die Steine.

Es ist doch etwas Reelles, etwas Greifbares!

Und wenn die großen hölzernen Kisten mühselig vor dem Berliner Museum ausgeladen werden, kann man sich den Erfolg pfundweis berechnen!

Bala=Hissar ist ein Dörfchen, nach türkischem Stil in gutem Stande. Der Mudir von Sivri=Hissar hatte uns ein Schreiben an den Dorfältesten mitgegeben. Dieser war gerade im Begriff, seiner Mittagsruhe zu pflegen, die sich wohl unmittelbar an seine Vormittags= ruhe anschloß. Zu diesem Zwecke war er von den übrigen Honoratioren des Dorfes umgeben, wozu auch der Hodscha, der Unterpriester, gehörte. Denn Safet, der Dorfälteste, ist auch zugleich Mufti, womit er die Stelle eines Steuer= beamten und Gutsverwalters des Mudirs von Sivri= Hissar verbindet — in der That ein vielseitiger Mann. Die Gruppe ruhte auf dem Vorbau des Hauses der Straße zu, unter zwei riesigen Weidenbäumen. Nach üblichen Selams und der Bewirthung eröffnete ich die Unterredung mit dem Lob der Bäume und der Frage, was dem Weidenbaum hier zu Lande seine Ausnahme= stellung gebe.

— Drei Gründe sind es, sagte der Mufti gravitätisch: der Weidenbaum wächst rasch und giebt Schatten, er sammelt die Wasser, vor Allem aber wechselt er die Luft und vertreibt das Fieber ...

Er spielt hier also die Rolle des Eukalyptos.

Wir haben hier Steine, auf denen geschrieben steht, fuhr der Mufti fort; der Mudir schreibt, daß ich sie Euch zeigen soll.

— Was die Fränkis nur in den Steinen suchen, bemerkte der Hodscha.

— Was vorher war, sagte der Mufti belehrend, das suchen sie, aber werden sie es finden? Allah hat es verschlossen. Es giebt vielerlei Geschichten, doch nicht alle sind getreu. Ein Stein ist wie ein anderer.

— Hier ist noch ein besonderer Stein, sagte ich, wenn man den fände!

— Ah! sagte die Versammlung.

— Erzähle mir davon, sagte der Mufti.

— So wißt, Mufti Effendi, begann ich und unser Dolmetsch übersetzte, so wißt, daß einst der Sultan von Rum in Frankistan Krieg geführt hat mit den Männern von Tunis. Und da diese die Stadt des Sultans belagerten, so wurde ihm von einem weisen Zauberer verrathen, er würde gerettet werden, wenn er den schwarzen Stein, den die Priester hier verehrten, in seine Stadt bringen ließe. Da sandte er Boten an die Priester, diese aber wollten den Stein nicht herausgeben. Allein es mischte sich der Sultan dieses Landes hinein und bedrohte die Priester; da gaben sie den Boten einen Stein, die damit fröhlich abzogen und den Stein nach Rum brachten.

— Ob es wohl der richtige gewesen ist? sagte der Mufti mit raschem Pfaffeninstinkt.

— Wer mag es wissen, sagte ich; wenn man aber

nachgrübe und fände den wahren schwarzen Stein, der wäre wohl viele hundert Pfund werth.

— Maschallah, sagte der Mufti.

Nachdem ich so dem Interesse an den zukünftigen Ausgrabungen vorgearbeitet zu haben glaubte, ließ sich der Mufti auch zu einer Geschichte herbei.

— Dreißig Kilometer von hier, sagte der Mufti, ist ein Dorf. Dort hat ein Bauer beim Pflügen eine Kuppel gefunden, unter der lag ein Mädchen aus Marmor gehauen. Vorne aber an der Brust war ein großer Stein, durch den sah man, wie der Mensch innen beschaffen ist. Der Bauer that das Bildniß in einen Sack und brachte es nach Brussa. Dort begegnete er einem Franken, der handelte mit dem Bauer um das Bild; sie wurden über achthundert Pfund einig, die nahm der Bauer und zog nach Eskischehir. Von dem Fremden hat man aber niemals wieder gehört.

— Das könnte Euch wohl passen, wenn Ihr auch so ein Bild fändet, Mufti Effendi?

— Maschallah, sagte der Mufti. Wenn Ihr zwanzig Piaster gebt, so kann Euch mein Vater einen beschriebenen Stein zeigen, den noch kein Franke gesehen hat.

— Wenn ich wiederkomme, sagte ich.

Ich bekam den Eindruck, daß der Mufti auch als Priester der Kybele seinen Platz würde ausgefüllt haben.

Ein angenehmer Vorstoß in das Moderne war es, daß wir den folgenden Nachmittag in Tschifteler verbrachten, wo Sultan Hamid ein Gestüt und Musterwirthschaft angelegt hat, denen der eifrige und gastfreundschaftliche Oberst Wahid Bey, ein Schwiegersohn des Marschalls Osman Ghasi, vorsteht. Auf das, was wir hier vorfanden, komme ich vielleicht in einem anderen Zusammenhang zurück. Erwähnen will ich nur, daß wir hier schon bei herabsinkender Nacht die Quellen des Saccaria aufsuchten, die eine Zeit lang der geographischen Wissenschaft abhanden gekommen waren, wie die Quellen des Nils. Einige Fackeln aus Kienspan erleuchteten uns die eigenthümliche Scenerie, die mit Weidenbäumen dicht umstandene Mühle, das Sammelbecken, bis in dessen spiegelklaren Grund der Feuerschein fiel.

Der Saccaria entspringt zwei Kilometer östlich mit circa 20 Grad Abweichung nach Süden von Tschifteler aus 7 oder 8 einzelnen Quellen, die auf einem Raume von etwa 50 Meter vertheilt, sich bald zu einem stattlichen Strom vereinigen. 200 Meter von seiner ersten Quelle entfernt schlägt er sich seitwärts um ein gemauertes Becken herum, in dem aus eigenen Quellen sich eine Wassermenge entwickelt, die sofort Kraft genug hat, eine Mühle mit vier Gängen zu treiben. Das Wasser ist desto wärmer, je kälter die Luft ist, sagte uns der Müller und in der That, als wir an einem frischen Morgen uns anderen Tages dem Saccaria näherten, stiegen weiße Dämpfe aus dem Wasser auf, dessen Temperatur wir auf 18 Grad schätzten. Daß der Saccaria den alten Bewohnern dieses Landstrichs als heilig galt, versteht man leicht an den Ufern dieses Gewässers, das, wohin es kommt, Leben und Fruchtbarkeit bringt ...

Nachdem wir den anderen Morgen das Weideland des Gestüts durchritten hatten, gelangten wir an das

Waldgebirg, das übel verwüstet, am Anfang nur noch Gestrüpp und Kuffeln zeigt.

Dann öffnete sich ein liebliches Thal.

Auf seinem weiten Grunde sah man zahlreiche Rinderheerden weiden, Quellen rieselten hervor und durchzogen die Wiesenflächen; Hirten psalmodirten ihre rauhen eintönigen Gesänge, die antiken Märchen aus unserer Kinderwelt wurden hier lebendig. Schön war es nicht von Apollo, daß er aus Künstlereifer den unglücklichen Marsyas geschunden hat. Der Lichtgott hat sein Mißfallen an dem, was diese Völker Musik nennen, allzu drastisch zu erkennen gegeben. Die ungeheuere Kluft, welche unser künstlerisches Empfinden von dem dieses Volkes trennt, tritt am greifbarsten in der Musik zu Tage, die ja am unmittelbarsten der menschlichen Seele entströmt. Wenn aber diese drastischste Kritik als eine Revanche des beleidigten Gottes doch einmal geschehen sollte, so belebt es uns die Scenerie, daß es hier geschah. Bewaldete Bergkronen ragen auf der anderen Seite des Thales heraus. Durch eine Waldung von Eichen und Fichten — die erste, die wir seit Tagen sahen — windet sich der Bergpfad hinauf.

Wir sind nahe der Stadt des fabelhaften Königs Midas, die verschwunden ist, und dem unzweifelhaften Grabmal eines wirklichen Königs Midas, das bereits zwei Jahrtausenden getrotzt hat, vielleicht noch manchem trotzen wird. . . .

Eine gewaltige Felswand ist reliefartig bearbeitet, rechtwinkelige mäandrische Züge bilden die Verzierung, die Linien des Denkmals selbst zeigen beinahe die eines

großen Hauses, großartig wirkt der einfache Styl der
Ausführung, großartig die Lage dieser fast isolirten Fels=
partie.

Der Rückseite, die nach einem südlichen Seitenthale
abfällt, ist das bessere Loos beschieden.

Einsam lagert sich das schönste Waldthal davor.
Die Grundfläche sieht so glatt und geebnet aus, daß
offenbar früher ein großes Gewässer hier geströmt sein
muß. Der gegenüberliegende Höhenzug aber erinnert in
seinem ganzen Aufbau, in seiner Gruppirung von Felsen
und Bäumen, in seinen Zacken und Abfällen so deutlich
an die sächsische Schweiz, daß wir dieselbe in ihren
Hauptmotiven vor Augen zu haben glauben. Die Elbe
ist allerdings daraus verschwunden, nur ein kleines
Gewässer markirt den früheren Lauf.

Und damit hat denn auch das Schilfgras weichen
müssen, in das der von Mittheilungsdrang überwältigte
Barbier des Königs das große Geheimniß des Tages
ausschüttete: König Midas hat Eselsohren.

Das Schilf hat es bekanntlich alsbald ausgeplaudert
und der weitesten Oeffentlichkeit überantwortet. Die
Strafe ist indessen nicht ausgeblieben, denn das Schilf
ist sammt dem Wasser verschwunden. Nur den Barbieren
ist der Ruf der Geschwätzigkeit seitdem geblieben; nach
meiner Erfahrung mit vollkommenem Unrecht. Viel=
mehr ist ihnen eine gewisse Würde und schweigsame
Feierlichkeit eigen, als fühlten sie sich in dem Höheren
ihres Berufes nicht begriffen.

So viel von der Rückseite des Denkmals.

An der Vorderseite aber hat die türkische Regierung

vor vier oder fünf Jahren eine Gesellschaft Tscherkessen
oder Tschetschenzen angesiedelt. Yassili Kala — beschrie=
bener Stein — heißt das Dorf; es trägt die rechte und
echte Banditenphysiognomie. Auf das Begreifen darf
man sich hier zu Lande überhaupt nicht kapriziren wollen,
sonst würde man nicht verstehen, wie die türkische Regie=
rung ein solches Gesindel aufnahm und gerade hier an
die Stelle setzte, wo es wie in einer natürlichen Festung
haust. In Begleitung zweier Kavalleristen, die uns Oberst
Wahid Bey mitgegeben hatte, waren wir hinreichend
sicher, aber die Temperatur, die uns umgab, war keines=
wegs eine angenehme. Aehnlich mag es in den schotti=
schen Hochgebirgen ausgesehen haben in den Zeiten, in
denen Walter Scott's schottische Romane spielen. Bei
unserer Ankunft wurde das ganze Dorf lebendig, ohne
Waffen zeigte sich kein Mann. Dann verschwand alles
bis auf einen katzenfreundlichen Kerl in einem russischen
Offiziersmantel, ein paar unbeschreiblich häßlich und ver=
rucht aussehende alte Weiber und einen riesigen Schwar=
zen, der die Doppelflinte sich bequem gerückt hatte und
scheu umhersah.

Wie sich später herausstellte, war ihm ein Pferd
gestohlen worden und er kam in das Dorf, um es
„wieder zu finden", das heißt über das Lösegeld zu
unterhandeln.

Am unbefangensten sprach sich ein Junge von etwa
zwölf Jahren aus, der Kühe hütete und uns das andere
Grabmal nachwies, das sich in Yessili Kali befindet.
Der Bursche trug einen großen Armeerevolver im Ban=
delier.

— Was willst Du mit dem Revolver, Junge? frugen wir ihn.

— Der ist um die Teufel zu vertreiben; denn ich bin ein Räuber, sagte der Junge.

— Ein nichtswürdiger Junge bist du, man sollte dir eins über die Ohren geben.

— Das kannst du hier thun; aber wenn wir draußen im Wald wären, da wäre es schon anders.

— Auch wenn wir noch mehr Soldaten bei uns hätten?

— Wenn es Türken sind, so machen wir uns nichts aus ihnen, auch wenn es hundert sind. Ja, wenn es von Euren Leuten wären ... Wir wissen es ganz gut, fügte er hinzu, Ihr habt viel Geld ....

Was ein solcher Junge verspricht, das ist er geneigt zu halten. Die türkische Regierung hat sich hier eine schöne Zuchtruthe geschnitten ...

Das andere Grabmal, das wir hier besuchten, ist in seinen Verhältnissen kürzer und gedrungener und wohl deshalb das ältere. Der Blätterschmuck ist schon etwas ausgewaschen, aber von besonders schönen Umrissen.

Auf dem Höhenzug gegenüber die alte Königsfeste — recht ein Königsstein.

Eine Mauer in großem Styl und gewaltigen Blöcken ohne Cement, Kammern, Zisternen, Zinnen in den Fels gehauen. So auch der Beginn der großen Treppe, die in die Ebene führt und an der in schwindelnder Steile abfallenden Böschung hinableitet. In diesem an Festungs=ruinen so überreichen Lande eine der merkwürdigsten:

Pischmisch=Kale, verbrannte Festung heißt sie im Volks=
munde. . . .

Der Feldwebel, der uns begleitete, hatte inzwischen
mit Gewalt Futter für unsere Pferde requirirt, denn im
Guten wollten die Dorfbewohner auch für Geld nichts
geben. Am Fuße des Midasdenkmals verzehrten wir
unsere Mahlzeit, vor einem Heuschober, mit dem die
Kerle die eigentliche Grabkammer am Fuße des Denk=
mals zugebaut haben.

Dann ritten wir ab.

Der Schwarze auf einem Maulthier schloß sich uns
eifrig an, ihm folgte der Tscherkesse, der das Pferd, das
er wohl selbst gestohlen, nun wiederschaffen sollte; rechts
und links tauchten noch Gruppen von Männern auf.
Ueber die Gedanken dieser Kerle machten wir uns keine
Illusionen; aber sie kennen doch den Vali von Angora
allzu gut, um der Autorität der türkischen Polizei in das
Angesicht zu trotzen.

Wir ritten noch eine Stunde in das Thal zurück und
fanden in einem türkischen Bauernhause gastfreundliche
Aufnahme und reichliche Bewirthung. Jede Belohnung
lehnten die Bauern standhaft ab. Es war fast nur von
den unbequemen Nachbarn und ihren Räubereien die
Rede. Vor ein paar Tagen hatten sie ein Pferd aus
dem Dorf gestohlen und, um sich allen Reclamationen zu
entziehen, es kurzer Hand geschlachtet und aufgegessen.

Ich wiederhole, daß man als Fremder mit den üb=
lichen Vorsichtsmaßregeln von dem Gesindel nichts zu
befürchten hat. Wer Humor genug hat, um über derlei
Episoden hinwegzusehen, der wird in dem Besuch der

altphrygnischen Königsgräber eine der schönsten Ausflüge finden, die man überhaupt machen kann.

Die bekannte Goldgier des Königs Midas hat sich auf seine neuesten Umwohner übertragen.

Wen sollte das Wunder nehmen? Werden doch ganz andere Leute davon angesteckt!

Am anderen Morgen ging es nach der dritten Kultus-stätte, nach Sidi Ghasi. Doch das verlangt einen be-sonderen Abschnitt.

Das Land, das wir durchritten, heißt im Volksmund Assi-Malitsch, Land der Rebellen.

Sie haben sich aber längst beruhigt . . . .

X.

Ein arabisches Heldengrab.

Eskischehir, 8. Oktober.

Die Aehnlichkeit, welche die von uns durchrittene Gegend mit der kastilianischen Hochebene zeigt, hatte mich schon lange frappirt. Selbst der Schnitt der Kleidung, welche hier die Männer tragen — in diesem frauenlosen Lande ist ja von anderen Gewändern nicht die Rede — hätte diese Vergleichung herausgefordert.

Zu vollem Bewußtsein gedieh mir dieser Parallelismus, als aus einer Wellenlinie des Felsgebirges die Kuppeln des Monuments von Sidi-Ghasi vor uns auftauchten. Eine Hochebene mit Bergzügen im Hintergrund wie bei dem Eskurial, ein in den Felsen eingerissenes Flußbett wie bei Toledo und in dem ganzen Aufbau des Monumentes etwas, was zugleich an Toledo und an die Alhambra erinnert.

Denn hier stehen wir vor einem Werk aus der kurzlebigen Periode arabischer Hochkultur.

Freilich sind es nur Anklänge an Motive aus jenen spanischen Gegenden und Bauwerken. Aber die Identität des Styls ist nicht zu verkennen.

Auf der das Engthal beherrschenden Anhöhe lag zweifellos im Alterthum eine Feste. Ob dieselbe Prymnessos hieß oder Nacoleia, darüber ist unter den Gelehrten noch Streit; die Autorität Kiepert's hat sich für das Letztere entschieden. In späterer christlicher Zeit mag der Feste gegenüber hier ein Palast mit einer Kirche oder ein palastähnliches Kloster gestanden haben; die Stelle von etwas dergleichen nimmt offenbar das große moslemische Klosterheiligthum von Sidi-Ghasi ein.

Um den imponirenden Bau, der vor uns emporwuchs, baugeschichtlich zu entwirren, dazu bedarf es mehr architektonischer Kenntniß und vor allem mehr Stylgefühls, als ich zu bieten im Stande bin. Ein buntes Gemisch von Bauten, verschieden nach Bestimmung und Art der Ausführung. Hier ein Stück eines alten in vornehmer Einfachheit gehaltenen Palastes, dort ein Stück, das uns anmuthet wie eine alte Ritterburg. Dann wieder eine Reihe orientalischer Kuppelformen aus verschiedenen Zeiten und Stylformen. Das Ganze überragt von einem eigenartig zugespitzten Minaret.

Das Monument von Sidi Ghasi liegt auf dreiviertel Höhe eines Bergrückens und sieht hinaus über das gleichnamige Städtchen nach der Flußebene, die sich von Nord nach Süden zieht, über Felspartien und Felder, die alle Nuancen von Braun spielen. In den Tiefen die blauen Schatten unbewaldeter Gegenden. Unten die grauen Lehmhütten eines Türkenstädtchens, der Han, die paar Kaufbuden des Bazars, alles so öd und trostlos, wie man es hier von einem Volke gewohnt ist, das durch Anlage und Gewohnheit stumpf ist gegen alles Aesthetische.

Um so stärker und unvermittelter wirkt das Künst=
lerische, das um das Grabmonument des berühmten
Helden, des heiligen Said Ghasi Battal ausgebreitet webt.

Unten im Städtchen war kein Bleibens für uns.
Wir nahmen daher gerne die uns gebotene Gastfreund=
schaft der Derwische an, die oben in dem Grabmonument
hausen. So machen wir uns auf den Weg nach oben.
Wir durchschreiten die Räume eines noch im Thale liegen=
den palastähnlichen Gebäudes, an das die Araber die
letzte Hand gelegt haben mögen und das nach so vielen
Wandlungen jetzt Niederlagsplatz für den Natural=
zehnten ist.

Dann fesselt uns alsbald das Entree des Monuments.
Auf starken Pfeilern ruhen schöne gewölbte Spitz=
bogen maurischer Konstruktion, zwischen ihnen spannen
sich Kreuzgewölbe. Unter diesen gelangt man auf einem
treppenartigen Aufgang zur ersten Pforte des Klosters
aus polirtem Granit; dabei überall zwischen den Spuren
wandelnd, die der hier begrabene Heilige zurückgelassen
haben soll. Hier Eindrücke in den Stein, die er mit
seiner Hand gemacht, dort eine Stelle über dem Thor,
die er geküßt hat, an einer anderen Stelle ein Stein, aus
dem sein Löwe ein Stück herausgebissen, lauter Ausflüsse
einer üppig wuchernden, aber kindischen Phantasie.

Mit einer Wendung zur Rechten steigen wir hinauf
in einen Säulengang, dem zu einem Klosterkreuzgang
nur die Gewölbe fehlen, der Vorhalle des Haupteilig=
thums.

Die Säulen, auf denen die Bogen ruhen, ent=
stammen jedenfalls den verschiedensten Gebäuden des

alten Prymnessos. Hier ein spät jonisches, dort ein spät
korinthisches oder ein altchristliches Kapitell, Säulenbasen,
Säulen und andere Bautheile der verschiedensten Zeiten
und Stile liegen im Hof umher, in den wir nach Westen
aus dem schönen, feierlich stimmenden Säulengang heraus=
treten. Der Hof ist ein oblonger Raum, der, im Hinter=
grund durch eine niedrige Mauer abgeschlossen, sich gegen
den ansteigenden Felsen hinzieht, der ihn vollkommen be=
herrscht, ein Zeichen, daß dieser Ort niemals vertheidigungs=
fähig gewesen ist.

Etwas von der Stimmung des Löwenhofes der
Alhambra liegt über ihm ausgebreitet.

Die schöne achtzehneckige maurische Marmorfontaine
ist heute ohne Wasser. Die Wasserleitung, die zweifellos
heraufging, ist verschwunden.

Von hier aus haben wir den Hauptanblick.

Zur Linken erhebt sich die bleigedeckte, auf einem
schön gefugten maurischen Quaderwerk ruhende Kuppel
des Grabmals Said Ghasi's, mit dem schlanken, oben
nicht spitz zulaufenden, sondern laternenartig endenden
Minaret. Weiter gegen den Felsen vorgeschoben eine alte
christliche Kirche, die, zum Theil eingefallen, jetzt der
Mutter des Sultans Aleddin zur Ruhestätte dient —
rechts und links in Grabgewölbe auslaufend, worin einst
die byzantinischen Aebte begraben worden sein mögen,
wie jetzt die türkischen Schechs. Die Gewölbe sind zum
Theil durch orientalische Kuppeln ersetzt, aber die Um=
fassungsmauern und die erhöhte, auf etwa zwölf Stufen
zugängliche Apsis sind noch erhalten. Auf der Nordseite
des Hofes läuft eine lange, durch vier schöne maurische

Thüren unterbrochene Mauer, über welche vier Kuppeln herausschauen, die nichts bedecken als weite leere Räume. Von dem Säulengang, der den Hof auf einer Seite halb, auf einer andern ganz einfaßt, treten wir durch eine hohe, arabischen Stil kündende Thür, deren Bogen in künstlichem Steinschnitt ineinandergefügt ist, in eine dunkle Vorhalle, die zehn zu fünfzehn Meter messen mag und von dort durch eine kleine silberbeschlagene Thür in die Türbe, das Grabmal des Said Ghasi.

Der Sarg des Helden ist wohlgemessene fünfundzwanzig Fuß lang.

Es ist eine eigene Art von Heldenverehrung, die der Größe eines Helden durch die besondere Länge seines Sarges glaubt Ausdruck geben zu können, wie es hier geschehen ist. Um dies fünfundzwanzig Fuß lange, aus Quadern gemauerte und mit Ziegeln zugewölbte Kenotaph stehen eine Unzahl von Kandelabern, darunter etliche außerordentlich werthvolle bronzene Leuchter aus altchristlich byzantinischer Zeit; daneben, ebenfalls von Kandelabern umstanden, aber den Verhältnissen gewöhnlicher Menschen entsprechend, ein Sarkophag, den die Tradition als den einer Prinzessin bezeichnet. In der Kibla, der gegen Mekka orientirten Nische, hängen Votiv- und Dankinschriften, wie wir sie auch bei uns in den katholischen Kirchen als Dank für die durch Heilige bewirkte Genesung aufgehängt sehen.

Die ganze innere Einrichtung ist von einer mit dem Aeußern aufs schärfste kontrastirenden Phantasielosigkeit und Trockenheit. Nur eine Reihe der köstlichsten alten

Teppiche, welche den Boden im Heiligthume und Vor=
raume bedecken, mildert sie ein wenig.

Um so trauter und heimlicher war das, was wir von
dem Kloster zu sehen bekamen, unser Gemach, das man
von einer dunklen Treppe aus betritt, ist eine Art
Kemmenate aus einer mittelalterlichen Ritterburg. An
zwei Seiten beleuchtet durch eine Reihe von Fenstern,
die eine liebliche Aussicht auf Thal und Stadt boten,
darunter hinlaufend der niedrige Divan; an den zwei
anderen holzgeschnitzte Schränkchen und Nischen in fort=
laufender Reihe, in welche die Thüre unseres Gemachs
sich hineinpaßte wie gar nicht vorhanden; der Boden bedeckt von bunten Teppichen, eine wohnliche gemüthliche
Ecke in diesem Gemisch von Grobheit, Verlassenheit und
Weltentsagung der anderen Räume des weiten Schlosses.

Der Schech des Klosters, ein achtundsiebzigjähriger,
mit Blindheit geschlagener Greis ließ uns durch den
ältesten Derwisch seine Grüße entbieten, ihn selbst ent=
schuldigte sein Alter und seine Gebrechlichkeit. Mit Be=
hagen genossen wir der unendlichen Ruhe und Stille,
die über dem ganzen Anwesen lag. Freundlich von dem
Enkel des Schechs bedient, einem schönen, sinnig blickenden
jungen Mann, genossen wir die Abendmahlzeit.

Die anderen Derwische standen umher, die Fremd=
linge und ihr Thun still betrachtend.

Wenn man in dem Monument eines heiligen Kriegers
weilt, der in einem fünfundzwanzig Fuß langen Sarge
neben einer Prinzessin ruht, so will man von einem
solchen Helden gern etwas Näheres wissen. Ich ließ
daher durchblicken, daß ich wisse, Said Ghasi sei der

General eines berühmten Kalifen von Bagdad gewesen und im Jahre 117 der Hedschra in einer Schlacht gegen die Byzantiner hier bei Prymnessos gefallen.

Diese meine Gelehrsamkeit ließ aber die Derwische vollständig kalt; ihre Ansichten über Prymnessos, Byzantiner und den berühmten Kalifen schienen mir überhaupt ungemein dunkle. Der älteste der Vertreter des Schechs nahm das Wort und sagte:

— Wir haben ein heiliges Buch, das die Thaten des Ghasi verzeichnet; aus den Händen desselben hat es die Mutter des Sultans Aleddin selbst erhalten. Darin steht alles verzeichnet, was über ihn zu wissen noth ist.

Wir drückten den Wunsch aus, ein so merkwürdiges Buch zu sehen.

Es wurde aus dem Verschluß des Schechs abgeholt ein ziemlich starker, defekter, geschriebener Band. Es ist nicht mehr das Buch selbst, wie es aus den Händen der Heiligen kam, es ist immer wieder abgeschrieben und jetzt auch gedruckt worden, erläuterte der Derwisch.

So kam denn auch das gedruckte türkische Buch zum Vorschein.

Der Derwisch drückte es an Brust und Kopf und legte es uns vor. Unser des Türkischen kundiger Begleiter übersetzte uns den Titel. Er besagt, daß in dieser wahrhaftigen heiligen Geschichte die Thaten des allergewaltigsten, unüberwindlichsten Helden und Heiligen Said Ghasi Battal beschrieben sind.

Wir sahen alsbald, daß wir uns in voller Rittergeschichte befanden, wie sie uns aus Don Quixote und dem Orlando Furioso von der parodistischen Seite so wohl bekannt ist. Hier bei dem Grabe des Helden galt das aber als so gewisse Wahrheit, wie sie nur irgend dem edlen Ritter von der Mancha erschienen war.

Der Derwisch schlug den gedruckten Band auf und begann vorzulesen.

Er las in der psalmodirenden Tonweise, in der die türkischen Priester den Koran vortragen.

Unser Begleiter übersetzte.

Das kleine Stumpflicht, das kaum eine Ecke des Gemachs erleuchtete, stand auf der Erde, auf welcher der Derwisch kauerte; wir Europäer gruppirten uns um ihn herum, im dunklen Hintergrund sammelten sich noch andere Zuhörer, die an den markantesten Stellen die Vorlesung mit Beifallsgemurmel, manchmal auch mit bedeutsamem Gelächter begleiteten.

Anfangs hatten wir uns allerdings durch ein weit= läufiges genealogisches Gestrüpp durchzuarbeiten, Said Ghasi stammt von dem Stiefsohn des Propheten ab und von den fünf Generationen seit Ali wurde uns keine ge= schenkt. Wir athmeten auf, als wir an Hassan kamen, den Vater des Helden. Er war Statthalter von Ma= lattia und von solcher Stärke, wie die Schrift behauptet, daß die Einwohner der Stadt Nachts vor Angst vor ihm nicht schlafen konnten.

Dieser Hassan verfolgte einmal auf der Jagd einen Hirsch; in einem Dickicht, wohin der Hirsch verschwunden war, fand sich ein gelbes Roß vollständig gesattelt vor, sammt der Lanze Isaaks des Erzvaters, an dem oberen Ende mit Haaren aus dem Barte des Propheten und das Schwert Davids. Mit dieser Ausrüstung, die, wie eine

Stimme sagte, für den künftigen Sohn bestimmt war, konnte dieser natürlich nur große Thaten verrichten. In der That überschritten diese auch Alles, was man irgend erwarten konnte.

In seinem dritten Jahre hatte Said der Held das Aussehen eines Sechsjährigen; in seinem neunten konnte er schon vier Bücher lesen. In seinem vierzehnten Jahre aber schlug er bereits dem König von Angora in dessen eigenem Garten den Kopf ab, ihm selbst wie vierzehn seiner ersten Hofleute, und sandte diese Trophäen in einem Sacke nach Malattia. Denn Said hatte an dem König von Angora Rache zu nehmen, weil dieser den starken Hassan durch vierzigtausend Soldaten hatte erschlagen lassen

Insoweit findet sich in den Thaten Saids ein Anklang an den Beginn des spanischen Cid, mit dem man Said Ghasi hie und da verglichen hat.

Unerkannt war Said vor den König gekommen. Wer bist Du? frug ihn der König, eingenommen von der Wohlgestalt des Jünglings. Ich bin ein Chinese, sagte Said. (Befriedigtes Gemurmel unter den Derwischen.)

Da hieß der König alle seine Hofleute hinausgehen, trank Wein und wollte, daß Said auch tränke. Erst wenn ich einen Bart habe, erwiderte Said. (Zustimmung der Derwische.)

Der König wollte darauf Said küssen, dieser schlug ihn mit der Faust, daß er zu Boden fiel und zog ihn an seinem Barte, wie man einen Esel beim Schwanz zieht. (Lautes Beifallsgelächter.)

Dann begann das Gemetzel.

Ich erlasse dem geehrten Leser das Verzeichniß der unglaublichen Thaten des unvergleichlichen Helden zu Waſſer und zu Land, im Kriege und am Hofe des Kalifen. Auch mußte unſer Derwiſch mit flüchtiger Hand darüber hinwegeilen, denn es war ſchon ſpät in der Nacht geworden, das Licht ſehr herabgebrannt, wir drängten zum Schluß. Wir wollten den Ausgang nicht verlieren; wir waren geſpannt, den ſtarken Krieger kennen lernen, der hier den gewaltigen Helden zu Falle gebracht hatte.

Darin wurden wir allerdings getäuscht, nichtsdeſtoweniger wurde unſere Wißbegierde belohnt, denn es kam ganz anders und recht wunderſam.

Die Stadt, die jetzt Sidi Ghaſi heißt, wurde, ſo las uns der Derwiſch, im Geburtsjahr von Jeſus gebaut und ihm zu Ehren Meſſie Kaleſſi (Meſſiasſchloß) genannt. Als Said Ghaſi herkam, um ſie zu erobern, herrſchte in ihr ein König Namens Kataldes. Weinend frug dieſer den Helden, was er ihm gethan habe, daß er von ihm bekriegt werden ſolle. Said Ghaſi aber antwortete nichts, ſondern nahm einen Felſen, ſo groß wie dies Zimmer, band dieſen an eine ſtarke Kette und begann mit dieſem Apparat auf Mauern und Thürme zu ſchlagen. Bei jedem Schlage aber ſchlug er einen Thurm zuſammen. Die Wucht der Schläge war ſo gewaltig, daß ſich die Kette um drei Fuß dehnte.

Derart arbeitete Said Ghaſi acht Tage, Tag und Nacht. Dann ward er müde und legte ſich zum Schlafen nieder. Diese Zeit wollten die Belagerten benutzen, um dem Helden beizukommen.

Nun aber tritt das Ewigweibliche ein.

Die wunderschöne Prinzessin, ihr Name ist mir leider entfallen, die Lieblingstochter des Königs hatte sich in die Schönheit des Said Ghasi verliebt, sie sann, wie sie ihn retten könne, und verfiel auf Folgendes. Sie nahm einen kleinen Stein, schrieb auf ihn die Worte: hüte Dich, Dein Leben ist bedroht. Den Stein aber warf sie nach dem Platz, wo Said Ghasi schlief. Der Stein fiel Said Ghasi auf die Brust und so unglücklich auf die Stelle, wo der Held am leichtesten verwundbar war, daß er sofort starb.

So kam der starke Held ums Leben, der unverletzt in den schwersten Kämpfen, ja in der Löwengrube geblieben war.

Die Prinzessin aber, als sie sah, daß Said sich nicht erhob, wurde ängstlich. Sie bat ihren Vater, sie zu Said hinausgehen zu lassen, sie wisse das Mittel, ihn zu beschwichtigen. Der König, der zuerst widerstand, mußte dem Bitten der wunderschönen Prinzessin nachgeben.

Sie ging hinaus und fand den theuren Helden erschlagen durch den kleinen Stein, den sie ihm als Liebeszeichen zugeschleudert hatte.

„Kann ich im Leben nicht mit Dir vereint sein, so sei es im Tode," rief die Prinzessin. Sie zog den Säbel Said Ghasis aus der Scheide, stellte dessen Griff auf Said's Brust und stürzte sich in die Spitze, also daß sie todt auf den Helden hinsank.

So lag das Liebespaar entseelt da. . .

Da mit einem Male entstand ein gewaltiges Brausen, ein Ungewitter verdunkelte Himmel und Erde, der Boden zitterte vor Leid, daß ein solches Paar geendet hatte. Der Prophet Elias selbst kam herab und ließ durch

Hirten die Leichen in eine Höhle bringen, in der sie lange, lange verborgen lagen. Auch die Söhne Said's, die mit einem Heer herbeikamen, um den Tod des Helden zu rächen und die Stadt zerstörten, konnten die Leichen nicht finden.

So lagen diese Jahre, Jahrzehnte, Jahrhunderte.

Da träumte einmal die Mutter des Sultans Alledin von Ikonium und es erschien ihr der Held Said. Er sprach: Mache Dich auf nach der Stätte, wo mein Leib ruht, und bereite ihm ein Grabmal. Es wird Dir dies aber ein Zeichen sein: wo Du vom rechten Wege ab= weichest, da werden sich die Lämmerheerden entgegenstellen, daß Du nimmer irren kannst.

Auch geschah es so.

Die Lämmer wiesen auf den rechten Weg und als die Sultanin an die Höhle kam, hatte sich diese geöffnet; von der Brust des Said ging ein Schein aus wie das hellste Licht und es troff Milch von ihm, daß diese in das Thal hinabrieselte. Und Jedermann erkannte klar, daß man es hier mit einem rechten und gerechten Heiligen zu thun habe.

Die Sultanin=Mutter indessen zweifelte immer noch, daß sie den richtigen Said angetroffen habe.

Da erschien ihr der Held abermals im Schlafe.

Sei getrost, sagte er, ich bin es, den Du suchest, und ich gebe Dir diese Zeichen; hier die Lanze mit den Haaren des Propheten, hier ein Stück der Kette, mit der ich die Feste zertrümmerte und hier das Buch, in dem alles ge= schrieben steht.

Und als die Sultanin erwachte, lagen Lanze, Kette

und Buch nächst ihrem Lager. Die Lanze wird jetzt an dem Sarge aufbewahrt; hoch oben an der Kuppel über dem Sarge hängt ein Stück der Kette aufgehängt und aus dem Buche las uns der Derwisch vor.

Wer konnte da noch länger zweifeln

Die Sultanin-Mutter sicher nicht.

Sie baute das große Monument und bestimmte sich ein bescheidenes Plätzchen nicht allzuweit von dem Heiligen. Dort steht ihr Sarkophag, dort liegt sie begraben.

Said Ghasi aber hatte seinen Söhnen eine Schrift hinterlassen, darin hieß es: es sei nun genug der Tapferkeit und des vergossenen Blutes in seinem Hause, seine Söhne sollten heilige Männer werden, Gutes thun, Wittwen und Waisen schützen. Und aus dem Geschlecht des tapfersten Helden ging so das Geschlecht der Derwische hervor, die um sein Grab leben.

Den näheren Zusammenhang zwischen Said Ghasi und den heulenden Derwischen, zu welcher Sekte die Bewohner des Klosters gehören, konnte mir der Derwisch nicht erklären. Nur soviel erfuhr ich, daß wer zur Sekte der Derwische in Sidi Ghasi gehören will, über die ganze Welt und sei es in Mecca, hier Profeß thun muß. Die Stelle des Schechs aber ist erblich in dem Geschlecht Said Ghasi's, nach dem Recht der Erstgeburt. Bereits hundert Schechs ruhen auf dem Friedhof vor dem Monument.

Der Nachfolger des alten blinden Schechs wird dessen ältester Enkel sein, der jetzt in Konia weilt.

Das Kloster ernährt jetzt nicht viele Mönche, klagte der Derwisch. Früher war alles reichlich mit Ländereien,

mit Weiden und Einkünften, aber die Ulemas in Kon=
stantinopel haben fast alles an sich gezogen. Die Wunder
des Heiligen vollziehen sich indessen noch immer an den
Gläubigen. Unfruchtbare Weiber erhielten hier Kinder=
segen durch Binden, die sie auf den Sarg des starken
Helden aufgelegt hatten, Krankheiten aller Art wurden
geheilt. Am originellsten erschien mir die Heilung, die
von einem stark mit Eisen beschlagenen Schuhe ausgeht,
der am Sarg des Helden hängt, ein Schlag damit auf
den Mund heilt nicht nur die Mundsperre, was noch
ziemlich natürlich zugeht, sondern reinigt auch den Mund
von übeln Gerüchen und — von schlimmen Reden . . .

So saßen wir, bis der letzte Lichtstumpf verglimmt
war. Die Derwische zogen sich zurück. Wir schauten in
das Thal hinab, das sich dunkel da unten hinzog und
hinauf zu dem Sternenhimmel, der sich hell leuchtend
über der Kuppel hinzog, unter der das edle Liebespaar
schläft.

Wie viel menschlich näher fühlten wir uns dem
Helden Said Ghafi jetzt, als vor wenig Stunden, da uns
die ungefügten burlesken Sarkophage nur ein Lächeln
abnöthigten; es ist uns beinahe, als sähen wir aus den
Nebeln, die im Thale wogen, den Helden aufsteigen und
den Schleier seiner geliebten Prinzessin wehen! . . .

Von Sidi Ghafi ritten wir bequem in vier und
einer halben Stunde nach der Stationsstadt Eskischehir.

XI.

Vom Fels zum Meer.
Die Stationen des Osmanenreiches.

Pera, 16. Oktober.

In Eskischehir stießen wir von Süden kommend wieder auf die Linie der Anatolischen Bahn. Im Frühjahr soll die erste Lokomotive dort eintreffen, im Herbst will man bis Angora fertig sein. Und schon melden sich neue Pläne. In Eskischehir, das durch seine Lage zu einem Centralpunkte vorbestimmt ist, oder in der Nachbarstation Jnönu soll sich die Bahn gabeln und einen Ausläufer nach Kutahia, der Stadt Aesops, des Fabeldichters, entsenden. Von Angora aus aber wird, wenn es nach der türkischen Regierung geht, der Weiterbau östlich und südwärts auf den alten Karawanenstraßen nach Siwas—Erzerum und Käsarieh—Bagdad so rasch wie möglich erfolgen.

Denn hier in Anatolien und namentlich in Eskischehir, sind wir im Stammsitze und Ausgangspunkte der Dynastie Osman's und der Türkenmacht.

Man versteht es, daß das Osmanenthum sich hier neu zu sammeln und gegen die Stürme der Zukunft durch neue Vertheidigungsmittel vorzubereiten bemüht ist. Und es ist nicht zu bestreiten, daß diese Linien ein erstes und unbedingtes Bedürfniß türkischer Kriegsführung sind. Auch hier setzt der Sultan sein Vertrauen in die Deutschen. Die anatolische Bahn ist bekanntlich von der Deutschen Bank unter Leitung des Reichstagsabgeordneten Dr. Siemens begründet worden. Ihm ist es nicht minder gelungen, die orientalische Bahn in Europa den Händen des dem deutschen Verkehr methodisch entgegenarbeitenden Baron Hirsch zu entwinden, ein Unternehmen, an dem Unzählige vor ihm gescheitert waren.

Deutscher Industrie und deutschem Wesen ist damit eine breite Bahn geöffnet, ein Königreich liegt da, das sich zu friedlicher Eroberung darbietet. Und der Sultan selbst ist es, der gerade die Deutschen dazu auffordert . . .

Von Eskischehir nach Konstantinopel bewegt sich die Geschichte des Osmanenthums. Fast kann man nach den Stationen der Bahn die Etappen dieses Eroberungs= marsches verfolgen.

Ein welthistorischer Zug — vom Fels zum Meer.

Eine Stunde Reitens bringt uns von Eskischehir an den Fuß des Bergzuges, auf dessen Kamme das Trümmerfeld von Karaschehir, Schwarzstadt, liegt, die erste Feste, die Osman, Erthogrul's Sohn, des Stifters des osmanischen Hauses und Reiches, mit seinem Schwerte gewann. Im majestätischen Flug sehen wir drei Königs= geier, die einzigen Bewohner jener Felshöhen, darüber hinwegziehen und in den Abendwolken verschwinden.

Sagt, o Auguren, was verkündete uns dieser Vogel= flug? . . .

Unten aber die Idylle.

Denn wo sich der Rücken des Berges in leichterem Ansatz vom Pursakfluß emporzieht, hat der jetzige Sultan eine Kolonie eigener Art angelegt; in einem kleinen Dörschen hat er, was er von Nachkommen des osmanischen Hauses noch aufzufinden gewußt hat, versammelt. Sultan Hamid hängt mit großer Treue an der Geschichte seines Hauses, ein neuer Zug in einem sonst so geschichtslosen Volke; die Spuren der Vergangenheit sucht er sorgfältig zu erhalten. Ein Dutzend weiß gestrichener Häuschen mit rothen Ziegeldächern, anzusehen wie naiv gedachte Modellhäuschen zu Arbeiterwohnungen. Vor vier Jahren errichtet, zeigen sie schon Spuren des Verfalls; Niemand fällt es hier ein, ein Blumengärtchen um sein Haus zu ziehen, eine Rebe an ihm hinauflaufen zu lassen. Von einer Familie, in welcher der Brudermord ein ausdrück= liches und formell nie aufgehobenes Staatsgesetz war, leben so hier die Reste.

Ueber ihnen die Trümmerstätte, die auf den großen Stifter hinweist.

Kahl und öde.

Und der in diesem Hause seltsame Gedanke einer Heimstätte für die Familie doch wie eine Art Sühne für so viel vergossenes Blut!

Keuchend und schnaubend kletterten unsere Pferde die enge langgezogene Schlucht hinauf, über Felsen, durch Trümmer und niedriges Gestrüpp.

Auf dem Plateau oben bemerkt man alsbald, daß es sich nicht bloß um die Reste einer einzelnen Ansiede= lung handelt, daß verschiedene Epochen und verschiedene Hände hier gearbeitet haben. Ueberliefert ist nur, daß

vor Karaſchehir hier eine Stadt Namens Melangea ge=
ſtanden hat; aber auch das wird bezweifelt. Das nächſte,
was uns aufſtößt, ſind die Reſte cyklopiſch gefugter
Mauern; dann geht es über Geröll und Felſenſtücke, von
denen es dunkel bleibt, ob ſie dem Felſen ſelbſt oder den
Trümmern alter Bauwerke entſtammen.

Nach einer Viertelſtunde gewinnt das Trümmerfeld
eine Regelmäßigkeit, die unverkennbar auf die Mauer=
reſte einer verſchwundenen Stadt hinweiſt. Die Straßen=
züge und Plätze, hunderte von Hausplätzen ſind durch
Steinerhebungen wie auf den Boden eingezeichnet, der
ganze Stadtplan liegt uns vor Augen.

Wir paſſiren dieſe weggeraffte Stadt und gelangen
an eine Abſchnürung des Plateaus; jenſeits derſelben
ſtand die Feſte, aus einem von allen Seiten, ausgenommen
von dieſer Abſchnürung her, unzugänglichen Felſen. An
dieſer ſind denn auch die Vertheidigungswerke von ſolcher
Stärke, daß ihre Reſte der Zeit trotzen konnten.

Eine etwa fünfzehn Meter hohe, zwei bis drei Meter
dicke Mauer läuft quer über dieſen Zugang. Sie ſcheint
römiſchen Urſprungs zu ſein.

Durch ein altes Thor oder durch eine Breſche der
Mauer uns in die Feſte durcharbeitend, finden wir uns
in einem Raum von etwa dreihundert Meter im Quadrat.
Wiederum Trümmerzüge wie draußen. Aber weder läßt
eine geometriſche Anlage der Straßen auf ein römiſches
Caſtrum ſchließen, noch zeigt irgend ein Reſt oder Säulen=
ſtück, die ſonſt in dieſem Lande wie ausgeſäet ſind, auf
eine klaſſiſche Vergangenheit.

Winklige Straßen, unregelmäßige kleine Plätze —

wenn man heute irgend einen Theil von Stambul in Brand steckte, unter der Asche würde es vielleicht ebenso aussehen. Das ist, was von dem ersten Sitz der Türken= macht in Vorderasien noch übrig ist . . .

Ein beherrschender Platz!

Und wen die strategische Wichtigkeit desselben in alter Zeit kalt läßt, den muß die Landschaft ergreifen, wie sie in den harmonisch verschwimmenden Tinten der Abend= beleuchtung vor uns liegt.

Nach Norden gewendet, übersieht man die weite Ebene vor Eskischehir mit dem Sarisu in ihrer ganzen Breite und Länge. Zu unseren Füßen zieht der Pursak seine mäandrischen Krümmungen durch ein Wiesenthal. Zwischen beiden Flüssen zeigt sich ein niedriger Höhen= zug, den wir reliefartig übersehen und der endet, wo beide Flüsse sich vereinen. Nach Süden zu, wohin der Berg= rücken weniger steil abfällt, gewähren sattelartige Ein= senkungen und quergezogene Thäler von den dahinter liegenden Bergmassen des Olymposgebirges durch die mannigfaltigste Abwechselung wie durch das Spiel der Abendlichter ein merkwürdiges Rundgemälde!

Die Entstehungsgeschichte des osmanischen Herrscher= hauses, die an diese Felsenfeste anknüpft, ist sagenhaft und romantisch; wahrscheinlich erst konstruirt, nachdem der wunderbare Erfolg das Haus Osman's über die anderen Emirate hoch hinweggehoben und die Herstellung einer Geschichtsklitterung nothwendig gemacht hatte. Aber in der Mischung von Wahrheit und Dichtung noch ori= ginell genug.

Noch heute durchziehen Turkmanenhorden das klein=

afiatische Hochland; haben wir doch selbst ihre Zelte, ihre brennenden Feuer, ihre weidenden Kameele gesehen. So kam ein besonders kräftiger Stamm in das Land und in die Gegend gezogen, als gerade der Sultan Al=eddin von Jkonium sich mit einer Tartarenschaar herumschlug. Erthogrul, ihr Führer, hatte offenbar die Maxime, daß Neutralität die schlechteste Politik sei; ohne zu wissen, wer die Kämpfenden seien, schlug er sich auf die Seite des Schwächeren, in der Erwartung, daß der Dank von dessen Seite der größere sein würde. Und so geschah es: der Schwächere war Al=eddin. Und da dieser mit Hilfe Erthogrul's Sieger geworden, war sein Dank ein könig= licher.

Für Erthogrul und seinen Osman wurde von dem Sultan eine Markgrafschaft, gegen die Byzantiner ge= wendet, gegründet, Sultan Dinü — Sultansfriede — genannt. Karaschehir war deren Hauptfeste. Das ge= schah gegen Ausgang des dreizehnten Jahrhunderts. Anderthalbhundert Jahre nach Osman's Tode zog sein Ururenkel als Eroberer in Konstantinopel ein.

Das türkische Weltreich war gegründet.

In einem Dörfchen, das man von der Höhe von Karaschehir unten in einem südlichen Thalgrund liegen sieht — in Jtburuni — lebte ein frommer Scheich, Edebali. Osman besuchte denselben öfters und als er eines Abends dessen Tochter, die schöne Melchathun ge= sehen, entbrannte er zu ihr in heftiger Liebe. An der Hand dieses, durch manche Prüfungen durchsetzten Liebes= romans spielt sich die Geschichte Osman's zunächst ab und führt gerade bis zur nächsten Eisenbahnstation, nord=

wärts gewendet bis Jnönü — vor den Höhlen. Der Name deutet das Charakteristische dieses Platzes an.

Zuerst aber machen wir geziemenderweise einen Abstecher zu Erthogrul, dem Vater, nach Söghüd, zu dessen letzter Heimstätte und Begräbniß . . .

Söghüd wird man in Zukunft am besten von der Station Biledschik besuchen, von der es in zwei bis drei Stunden Reitens bequem zu erreichen ist. Wir kamen über die braune steppenähnliche Ebene, durch die wilden, nur mit Buschwerk bestandenen Defileen, welche über die Wasserscheide zwischen den Thälern des Pursak und Karasu leiten.

Geblendet hielten wir an, als wir Söghüd zu unseren Füßen liegen sahen.

So viel Anmuth in dem Zug der Linie des Hügels, so viel üppigen Reichthum des Wachsthums, so viel gute Bestellung von Gartenland und Feld und dann das wohlgebreitete Thal, rings geschlossen von einem stolzer und stolzer sich erhebenden Kranz von Hügeln und Bergen.

Das ist das Land, das Sultan Al=eddin dem Helden Erthogrul und seiner Schaar übergab.

Wie muß es den Männern der Zelte und der Steppe zu Muthe gewesen sein, als ihre Pferde verschwanden in den Weingärten und Obstpflanzungen von Söghüd; in das Land, wo Milch und Honig fließt, mußten sie sich nicht minder gekommen erachten, als es den Kindern Israels nach dem Zug durch die Wüste beim Einbruch in Kanaan geschah. Wenn wir dann wieder einen Blick auf die eigenthümliche Art warfen, wie Hügel und Berge reliefartig sich abheben, sich vor und ineinanderschieben, da fiel uns das Bild des Pſalmiſten ein: Die Berge hüpften wie die Lämmer, die Hügel wie die jungen Schafe.

Hier ſchien das Gleichniß der Natur abgelauſcht!

Fünfzig Jahre hat hier Erthogrul im Fetten des Landes gelebt. Seine Grabſtätte iſt Heiligthum und Wallfahrtsſtätte. Die ſorgende und renovirende Hand, die der Sultan für ſeine Familienerinnerungen hat, lag auch über dem Grabmal von Söghüd. Aber ſie iſt nicht minder unglücklich geweſen bei den Todten als bei der Bequartirung der Lebenden aus Erthogrul's und Osman's Stamme bei Karaſchehir, nicht minder wie bei allen äſthetiſchen Beſtrebungen des Neutürkenthums. Ein dürftig beſtandener Gartenfleck iſt kirchhofsmäßig mit einer weißgetünchten Mauer umzogen; über dem alten Marmorbrunnen iſt ein Holzbau errichtet, faſt wie das Muſikzelt eines kleinen Badeortes, und das Bauwerk, das über dem Sarge Erthogrul's aufgeführt iſt, ſchaut ſo nüchtern in die Welt, wie ein Stationshaus.

Wir frugen nach den Waffen des Helden, die hier verwahrt ſein ſollen. Sie ſind ſchon ſeit geraumer Zeit an Engländer verkauft, ſagte der Derwiſch, der uns führte. O, Barbarei der Sammelwuth! . . .

Söghüd iſt übrigens ein ſehr fleißiges, induſtrie= reiches Städtchen. Stattliche Seidenſpinnereien heben ſich hervor, und der Weg nach Biledſchik war manchmal prozeſſionsartig gefüllt von mit Fuhrwerk und Laſtthieren von der Station heimkehrenden Landleuten, die den Segen ihres Garten= und Landbaus nach der Eiſenbahn gebracht hatten. Faſt alles Griechen, die türkiſche Be= völkerung hatten wir theils im Café zuſammenhockend, theils im Konak zu feierlichem Stillschweigen versammelt gefunden.

Es scheint in Söghüd noch zu sein, wie zu Erthogrul's Zeiten, daß den Türken das Land gehört und die Griechen es bearbeiten . . .

Und so sei es mir gestattet, noch einmal auf Osman zurückzukommen, den wir auf seinem Liebes= und Helden=leben noch ein paar Stationen nordwärts zu begleiten haben.

Zu Jnönü (Höhlenfront), wo demnächst die Loko=motive vorbeipfeifen wird, kam es zur glücklichen Ver=einigung zwischen Osman und seiner Geliebten, die den Doppelnamen Malchatun (Schatzfrau) und Kamerife (Schönheitsmond) führt. Hier siegte ausdauernde Liebe und treue Freundschaft über eifersüchtige Nebenbuhler=schaft und Verräthertücke.

Der Ort heißt aber nicht umsonst Höhlenfront oder Vor den Höhlen. In die unersteiglich schroff nach dem Thal abfallende Kalksteinwand des Gebirges hat die Natur eine große Eingangshöhle gelegt, die, künstlich er=weitert, eine große Halle darstellt; von dort leiten Schachte und Treppen bis oben auf das Plateau, wo sich noch die Spuren menschlichen Wohnens finden. Die Eingangs=höhle war durch ein System von Mauern und Gräben vertheidigt und der ganze Berg so zu einem schier unein=nehmbaren Kastell umgeschaffen.

Viel Volks mag seit Jahrtausenden zu Schutz und Trutz in dieser Höhlenburg gehaust haben, bis Osman seine Fahne dort aufpflanzte. Immer neue türkische Schwärme muß der Ruf von dem ungeheuren Treffer,

den ihr Volk gewonnen, aus dem Steppenland nach=
gezogen haben und immer weiter fraß der türkische Oel=
flecken um sich.

Die nächste Etappe war bereits Biledjik, das die
Karasubefileen und den Niederstieg in das Saccariathal
beherrscht. In der Zwischenstation Bosjuk finden sich in
der Moschee interessante und schöne alte Fayencen der
Fabrikation von Kutahia, für den Liebhaber dieses Kunst=
zweiges sehr sehenswerth. Das Grabmal des ersten
Vesirs Osman's ist in der Nähe.

Biledjik, von dem ich schon öfters zu sprechen An=
laß hatte, hieß, ehe die im Namengeben sehr drastischen
Türken ihm seine jetzige Bezeichnung gaben, die von der
Form des Orts genommen ist und Armband bedeutet —
Biledjik hieß unter den Byzantinern Belaccomia. Kämpfe
und Verträge wechselten zwischen dem Herrscher dieser
Städte und Osman, wie zwischen Römern und Volskern,
bis endlich durch Einschmuggelung von Kriegern, die sich
als Weiber verkleidet, Osman die Feste gewann und mit
ihr das schöne Griechenkind Nilphur oder Lotosblume,
die er seinem zwölfjährigen Sohn Orchan vermählte.

Osman selbst liegt bekanntlich in dem von seinem
Stamm eroberten Brussa bestattet.

Die türkischen Helden müssen schwarz sein, wie die
germanischen blond. So hieß er Kara Osman, der
schwarze Osman. Er hatte lange Arme, die bis über
das Knie reichten, war wohlgespalten zum Ritt, bocks=
nasig, von schwarzen Haaren, Augenbrauen, Bart und
schwärzlicher Gesichtsfarbe. Weder Gold noch Silber
hinterließ er, sondern nichts als einen Löffel, ein Salz=

faß, einen verbrämten Rock, Fahnen aus rothem Dünn=
tuch, einen Stall trefflicher Pferde — und den Ansatz zu
einem Weltreich.

Orchan, Osman's Sohn, resibirte schon als Herrscher
zu Brussa. Nachdem er im zwölften Jahre ein geraubtes
Griechenfräulein geheirathet hatte, war in seinem sechzig=
sten Jahre Cantakuzeno, der Kaiser von Byzanz, ge=
zwungen, ihm seine Tochter Theodora zu vermählen. In
der Ebene von Selimbria ward ein mit Tüchern ver=
hängtes Gerüste aufgeschlagen, auf welchem nach dem
alten bei Vermählungen von Prinzessinnen an Auswärtige
üblichen Ceremoniell des byzantinischen Hofes die Braut
vor der Abreise dem Volke zur Schau gezeigt werden
mußte. Daneben war das kaiserliche Zelt, worin die
Kaiserin mit ihren drei Töchtern. An dem zur Uebergabe
bestimmten Abend blieb die Kaiserin mit den zwei anderen
Töchtern im Zelte, der Kaiser saß zu Pferde, alle Uebrigen
standen ringsum erwartungsvoll.

Da fielen auf ein gegebenes Zeichen die seidenen,
mit Gold durchwirkten Vorhänge des Schaugerüstes von
allen Seiten zugleich nieder und die Braut stand in der
Mitte knieender Eunuchen, welche sie mit Fackeln beleuch=
teten, dem Volk zur Schau. Trompeten, Pfeifen und
Schalmeien ertönten und der bewundernde Zuruf des
Volks.

So wurde die Prinzessin den Barbaren überliefert...
Ein Symbol für jenen Tag, da die Türkenmacht in schreck=
licher Umarmung sich der Meeresbraut Konstantinopel
bemächtigte und Sultan Mohamed, der Eroberer zu Pferde,

in die durch unendliche Greuel geschändete Sophienkirche eintritt . . .

Als wir in das Karasuthal herunterreitend, gegen Biledjik kamen, erblickten wir auf den Bergen uns gegen= über seit Wochen die erste Lokomotive keuchen, den ersten Probezug fahrend.

Wir grüßten sie mit einem donnernden Hurrah! Fast wie zu Hause fühlen wir uns, denn wo ein Eisenbahn= koupee sich öffnet, da ist für den Menschen des neun= zehnten Jahrhunderts auch eine Art Heimath!

In Biledjik, wo wir durch einen mehr als drei= wöchentlichen Ritt durch Steppenland und Gebirge, in Sonnenbrand und Regen, in angemessener Verwilderung eintrafen, stießen wir alsbald auf die europäische Civili= sation in ihren Spitzen. Der deutsche Botschafter Herr von Radowitz war eingetroffen, mit ihm der in Berlin so populäre bairische Bevollmächtigte Graf Lerchenfeld und eine Zahl schöner und liebenswürdiger Damen, be= gleitet von dem Generaldirektor von Kühlmann, Herrn von Kaulla und dem Leiter des Bahnbaus, Direktor Kapp, mit einem Stabe anderer hervorragender Persönlichkeiten.

Es galt die Abnahme der durch Naturschönheit und Eisenbahntechnik bewundernswerthen neu vollendeten Eisenbahnstrecke oberhalb Biledjik, von der ich schon früher gesprochen. Auf dem photographischen Bild, das die um die Lokomotive versammelte Gruppe darstellt, müssen wir uns seltsam genug ausgenommen haben.

Ein Extrazug mit den Salonwagen der Königin Isabella, die nach manchen Schicksalswechseln auf der anatolischen Bahn eingemündet sind, brachte uns am

Nachmittag mit Blitzzuggeschwindigkeit nach Hayderpascha gegenüber Konstantinopel.

Ein kleiner Dampfer führte uns über den Bosporus.

Die Luft wehte leis und frühlingsartig, während das Boot mit Mühe gegen die durch einen vorausgegangenen Sturm aufgeregte Strömung kämpfte. In den erregten Wassern spiegelten sich die Lichter von Stambul und Pera. Es war uns seltsam zu Muth, als wir die schattenhaften Umrisse der berühmten Stadt wieder vor uns auftauchen sahen . . .

Vom Fels zum Meer! Das war auch die Devise Osman's und seines Stammes, als er in Karaschehir Fuß gefaßt hatte. Der Spruch hat seinen Stamm nach Stambul geführt.

Was hat die Geschichte weiter über ihn beschlossen? . . .

XII.

Räuber und Räuberwesen.

Pera, 18. Oktober.

— Und die Räuber in der Türkei? so frägt man mich . . .

Ja von den Räubern in der Türkei weiß ich aus eigener Erfahrung nicht mehr als der geneigte Leser. Nicht eine Schnurrbartspitze von einem verifizirten Räuber habe ich gesehen.

Einmal freilich . . . es dunkelte schon . . . wir ritten über Geröll die Felsenschlucht von Karaschehir nach Eskischehir herunter. Da hinter dem Gestrüpp an dem Weg kauern zwei Männer, die Doppelflinten schußfertig gehalten . . . ein sensationeller Augenblick! In martia= lischer Haltung passirten wir die Gruppe, die jedenfalls dadurch eingeschüchtert uns ziehen ließ, mit finsteren Blicken uns musternd — tiefe Stille — nur ein Flug Hühner ging raschelnd auf . . .

Der Beginn einer Räubergeschichte, wie sie im Buch steht. Nur trafen wir des Abends in einer Gesellschaft die beiden Männer aus dem Busch; es waren levan= tinische Kaufleute aus Eskischehir, die wir in ihrer Hühnerjagd gestört hatten.

Ich habe unzählige Revolver gesehen. Losschießen habe ich nur einen gehört, es geschah in einer französischen Posse in Pera, wo ein Polizeikommissar zur Aufrechthaltung seiner häuslichen Autorität sechs Schüsse abgab.

Dagegen las ich in der Zeitung von einigen schrecklichen Verbrechen in — Berlin, und dachte, wir in Asien sind doch bessere Leute . . .

Aber Athanas ist doch kein leerer Wahn? Im Gegentheil, er ist eine echt türkische Realität, er bildet ein Glied in dem zur Meisterschaft gebrachten System, die türkische Staatskasse zu exploitiren. Herr von Radowitz machte mich darauf aufmerksam, daß noch niemals ein Räuber, dem die türkische Regierung einen Gefangenen losgekauft hatte, ergriffen worden ist. Das giebt zu denken. Zum Beispiel . . . Doch schweigen wir lieber davon.

Im Uebrigen wird man durch die umlaufenden Räubergeschichten doch vielfach gelangweilt und gehindert.

Die direkteste Folge ist, daß man moralisch, ja manchmal obrigkeitlich gezwungen ist, nicht ohne Bedeckung von Zaptiehs oder von Soldaten zu reiten. Die türkische Regierung ist sehr sensitiv und fürchtet den Lärm in der europäischen Presse, wenn irgend ein Unfall einem Fremden zustoßen sollte. Die Zapthies sind nicht immer eine erwünschte Begleitung; sie haben oft die Prätention, das Tempo der Reise, den Aufenthalt zu bestimmen. Dann muß man sehr deutsch mit ihnen reden — denn das, etwas kräftig vorgetragen, begreifen sie vortrefflich — bis man sie auf den richtigen Standpunkt gebracht hat. Dafür geben sie sich die famosesten

Posen, reiten mit gespanntem Karabiner in der Hand, wild umher spähend, plötzlich voraus und machen es dem Fremdling damit deutlich, durch welche Gefahren er durch ihren Schutz gehißt wird, was dann bei der Frage des Backschisch gebührend zur Geltung kommen soll.

Selbst in die Wahl der Route greifen die türkischen Autoritäten durch Geben und Versagen von Zaptiehs ein.

So weigerte sich der treffliche Oberst Wahid Bey in Tschifteler positiv, uns Mannschaft für den direkten Weg von den phrygischen Königsgräbern nach Kutahia mit= zugeben. Umsonst stellte ich ihm vor, daß auf Professor Kiepert's monumentaler Karte von Kleinasien diese Route noch ein weißer Fleck wäre, und ich dem berühmten Berliner Professor versprochen hätte, ihm einige Striche für diesen Fleck aufzusuchen. Höflich aber bestimmt ver= weigerte der Oberst die Zustimmung: eine unsichere Gegend, wir dürfen nicht.

So bleibt denn einem Anderen die Ehre aufbehalten, für die kartographische Ausfüllung dieses leeren Raumes zu sorgen.

Im Uebrigen habe ich mich von der Ernsthaftigkeit der Absicht der Zaptiehs, sich eintretendenfalls für unseren Schutz herumzuschlagen oder gar todtschießen zu lassen, niemals überzeugen können. Anders ist es mit der Be= deckung aus regulärer türkischer Kavallerie. Die Leute haben auf mich einen trefflichen Eindruck gemacht.

Die Zaptiehs sind ein Elitekorps — die Auswahl selbst indessen schlägt oft seltsame Wege ein. Die türkische Regierung geht von der Ansicht aus, daß, um einen aktiven Verbrecher zu fangen, ein quieszirter Verbrecher der bessere Mann sei. So ist denn die Gensdarmerie mit ehemaligen Strafgefangenen stark durchsetzt.

Ein weiteres Element, welches unter den Zaptiehs vorwaltet, sind die Tscherkessen, diese Landplage Klein= asiens, mit deren Ueberfiedelung die türkische Regierung dem braven anatolischen Landmann das schlimmste Ge= schenk gemacht hat. Der Tscherkesse ist der geborene Pferde= und Schafdieb, ein, wie ich glaube, im Grunde feiger, aber übermüthiger, unverschämter Geselle, der den Türken verachtet. Man kann denken, wie er ihn be= handelt, wenn er ihn von der Höhe seiner gensdarmlichen Autorität herab anfaßt.

In Mulk vor Sivrihissar hatte uns ein Bauer gast= freundlich seine Oda eingeräumt, damit wir in Schatten derselben unser mitgebrachtes Frühstück einnehmen konnten. Voll guten Willens trug er noch herbei, was seine länd= liche Wirthschaft bot, Käse, Milch und Butter.

Plötzlich wurden wir durch einen Lärm im Hof auf= gestört; wie wir zusehen, bearbeitete einer der Zaptiehs, ein Tscherkesse, den Bauern mit der Peitsche, ihm zu= schreiend, er solle Trauben bringen.

Was schlägst Du mich, rief der Bauer, ich habe keine Trauben; ich bin Soldat gewesen, bin Feldwebel der Redifs. Die Frau des Bauern eilte jammernd und weh= klagend herbei.

Zu wehren wagten sie sich nicht.

Wir machten der rohen Szene ein Ende; aber wir mußten es uns gefallen lassen, daß der Bauer die Ansicht gefaßt hatte, wir steckten mit dem prügelnden Tscherkessen unter einer Decke. Der feindselige Blick, den die Frau des Bauern auf uns abschoß, als wir abritten, gab dies deutlich genug zu erkennen.

Davon war ja selbstverständlich keine Rede.

Aber wahr bleibt es, daß die Franken in Kleinasien dem Tscherkessenunfug eine neue Stütze verliehen haben. Viele der in Kleinasien reisenden oder sich dort aufhaltenden Europäer sind zu der Ansicht gelangt, daß sie sich am besten gegen Räuber und Diebsgesindel verassekurirten, wenn sie einen Tscherkessen als speziellen Wachthund in ihre Dienste nähmen; denn die Kerle halten scharf zusammen und dulden nicht, daß Jemand, der sich bei einem von den Ihrigen eingekauft hat, weiter molestirt wird. So ist es zahlreichen Tscherkessen gelungen, sich in eine Zwischenstellung zwischen den einflußreichen, oft gebietenden Fremden und der einheimischen Bevölkerung einzuschieben und damit den Einfluß des gesammten Stammes zu heben.

Die scharfe Kante dieses Verhältnisses drückt wieder auf den anatolischen Bauern.

Noch eine andere Bauernplage lernten wir kennen, die mit dem Räuberwesen in Zusammenhang steht.

Der Zaptieh, wenn er seiner Eskortepflicht sich entledigt hat, beeilt sich nicht immer, auf seine Station zurückzukommen. Er wird dann zeitweilig zum vazirenden Zaptieh, der auf eigene Hand bei den Bauern Kontributionen erhebt. So kamen wir auf dem Ritt von Angora nach Sivrihissar schon bei angebrochener Nacht in ein türkisches Dörfchen von sieben bis acht Gehöften, auf Stundenweite die einzige Ansiedelung. Im Han, den der vordere Theil eines niedrigen Pferdestalles vorstellte, fanden wir die Bauern um das Heerdfeuer versammelt, ein Zaptieh stand vor ihnen und las ihnen aus einem Papier vor.

Wie wir, wie vom Himmel gefallen, in die überraschte Versammlung hineinplumpsten, packte der Zaptieh sein Papier zusammen und verschwand ohne Abschied von uns.

Aber nicht ohne Abschied von den Bauern; er versicherte sie, er werde wiederkommen. Und dies Versprechen wird er sicherlich halten. Soviel ich feststellen konnte, ein auf eigene Hand reisender Zaptieh. Er hatte, gestützt auf Papiere, welche die Bauern unmöglich prüfen konnten, angeblich rückständige Steuern verlangt und gedroht, wenn nicht alsbald gezahlt würde, die Männer und ihr Vieh wegzuschleppen.

Die Verhandlung darüber, mit welchem Preis die Bauern sich auslösen könnten, hatten wir gestört und das Verschwinden des Zaptieh's spricht für die Behauptung der Bauern, daß ihre ganze Schuld bereits abgetragen war.

Nichts in der moralischen und materiellen Lage der maßgebenden Bevölkerung des vorderen Kleinasien in der türkischen Landbevölkerung fordert anormale Sicherheitsverhältnisse heraus. Was dennoch davon herrscht, kommt auf Rechnung von Lässigkeit und Korruption im Beamtenthum.

Das menschliche Leben ist überall bedroht und jedes Land und jeder Kulturzustand hat seine besonderen Lebensgefahren. Aber eine stramme militärische Hand — das wird von allen Seiten anerkannt — würde im vorderen Kleinasien bald vollkommen Ordnung stiften. Freilich müßte sich dieselbe, namentlich auf die Tscherkessen,

mit eisernem Griff legen, um diese durch Favoriten=
wirthschaft in den Harems, in die sie ihre Töchter verkaufen,
und neuerdings auch durch eine falsche Politik der
Fremden weit über ihre Bedeutung gehobene „ge=
schwollene" Schaar in Zucht zu nehmen. Die Ver=
bringung der Bewohner einiger Tscherkessendörfer, von
denen der Hauptunfug ausgeht, nach Yemen würde der
Sache den richtigen Nachdruck geben. Dekorirung einiger
Galgen mit den kostbarsten Früchten des Tscherkessen=
thums könnte noch besseren Effekt haben.

Daran ist indessen nicht zu denken.

Offiziell wird in der Türkei fast nicht mehr hingerichtet.
Ob nicht hier und da eine Tasse richtig präparirten Kaffees
allzu verwickelte Verhältnisse in der einfachsten Weise löst
— wie das behauptet wird — muß ich dahingestellt sein
lassen. Zur Bestätigung eines formellen Todesurtheils
versteht sich der Sultan nur in den seltensten Fällen.

Mit welchen Schwierigkeiten die türkische Verwaltung
auch bei bester Absicht zu rechnen hat, das machte mir
der letzte Tag meines Aufenthalts in Eskischehir klar.
Zu besserem Schutz der Bahnlinie hatte die Regierung
eine Schwadron Kavallerie dorthin geschickt. Vorgesorgt
war aber nichts für sie, weder Wohnung für die Mann=
schaft, noch Stallung für die Pferde. Die Leute kamen als
unwillkommene Gäste; niemand wollte sie und ihre Pferde
aufnehmen und eine Zwangseinquartirung, das geht in
der Türkei nicht, wo jedes Haus so geheim und ver=
schlossen ist, wie bei uns ein Gefängniß. Um die Gesell=
schaft rasch hinwegzugraulen, fand sich selbst Niemand, der
ihr Futter für die Pferde verkaufen wollte.

Was daraus geworden ist, weiß ich nicht, wahrschein=
lich ist die Truppe wieder abgezogen, zu den Bauern, die
sich nicht so gut zu helfen wissen, wie die Städter und
stillehalten müssen!

Natürlich giebt es in Anatolien Verbrechen und Ver=
brecher wie allenthalben, namentlich muß sich das geltend
machen gegenüber der Mobilisation einer Armee von
Eisenbahnarbeitern, wie sie jetzt zu vielen Tausenden die
Bahntrace belegt hat. Als besonders wilde Kerle gelten
die kroatischen und bosnischen Maurer, sehr geschickte
Leute, aber bei ihren Trinkgelagen stets mit dem Messer
bei der Hand.

Die für die Bewohnerschaft von Anatolien charak=
teristischen Verbrechen sind der Viehdiebstahl und die
Entführung von Mädchen. Doch geschieht letzteres meist
mit Einwilligung des geraubten Mädchens, um den
Vater um das Kaufgeld zu prellen — denn in der Türkei
kauft man bekanntlich die Braut dem Vater ab — oder
um mit dem Papa vom Standpunkt der vollzogenen
Thatsachen aus über den Preis zu unterhandeln. Die
türkische Gerechtigkeitspflege thürmt als Gegengewicht
gegen diese Pression den Entführer ein, bis er sich mit
dem Brautvater geeinigt hat, oder übergiebt ihn dem
Strafrichter.

Diese Entführungsgeschichten sind der einzige roman=
tische Lichtblick in dem kläglichen Leben des türkischen
Weibes . . .

Nachdem ich wochenlang in Anatolien mit Räubern
und Räubergeschichten geplagt worden war, wollte ich
diese angenehme Gesellschaft doch wenigstens an dem

Plätze kennen lernen, wo sie überall in der Welt in letzter
Instanz einmündet, im Gefängniß.

Aber auch hier war mein Erfolg ein sehr unvoll=
ständiger. Das Centralgefängniß in Stambul wird um=
gebaut; einstweilen soll es in dem Wechsel seiner Toilette
nicht gestört werden; die türkischen Behörden luden mich
freundlich ein, in einem halben Jahr meinen Besuch zu
wiederholen. Auf die Erfrischung eines runden „Nein“
darf man nach orientalischer Sitte niemals zählen.

Dennoch habe ich einen Blick in das Centralgefängniß
gethan, zwar nur einen offiziösen, aber er hat doch ge=
nügt, um mir einen Begriff von dem Geist zu geben,
der über dem Ganzen waltet. Ich begehrte als Lands=
mann einen Deutschen zu sehen, der unter Aufsicht des
deutschen Konsulats eine fünfzehnjährige Gefängnißstrafe
wegen Mordes abbüßt. Dagegen war eben nichts zu
sagen und so trat ich ein.

Das Centralgefängniß liegt am Atmeidanplatz, zwischen
dem Hippodrom und dem räthselhaften Palast der tausend
Säulen, auf einer Stelle, wo in byzantinischer Zeit
zweifellos ein Palast, vielleicht ein kaiserlicher, gestanden
hat — einst also an einer Prunkstätte ohne Gleichen.
Bei der Zähigkeit, mit welcher gewisse Dinge jedem
Wechsel trotzen, befand sich vielleicht einst ein Staats=
gefängniß der byzantinischen Kaiser an diesem Platz,
denn aus dem Kerker auf den Thron und vom Throne
in den Kerker, wenn nicht gleich zum Henker, war bei
diesen blutigen Herrschergeschlechtern ein oft betretener
Weg . . .

Hier kann ich übrigens den Gegensatz zwischen

Palast und Gefängniß nicht durch Beigabe von Ketten=
geklirr und düsteren Gewölben auffrischen. Davon ist
im Centralgefängniß nicht das geringste zu verspüren,
im Gegentheil, die Temperatur, die hier herrscht, ist eine
äußerst milde, gegenüber europäischen Gefängnissen könnte
man beinahe sagen eine „fidele".

Das Erste, was mich auf den Eintritt in den Hof
frappirte, war ein Café mit einer gut ausgestatteten
Kantine, die ihre Vorräthe verlockend ausgelegt hatte.

Im Spazierhof sah ich durch die Eisenstangen des
Thores einige würdig blickende Männer in Hausgewändern
mit Cigaretten behaglich auf= und abspazieren.

Klagen über die Konkurrenz der Gefängnißarbeit
wären hier durchaus unberechtigt, wenigstens erinnerte
nichts an dieser Stelle an das Fabrikartige, das die
deutschen Gefängnisse haben; vielmehr gilt der Spruch:
sie nähen nicht, sie spinnen nicht, sie sammeln nicht in die
Scheunen; und doch schienen mir die Ernährungsverhält=
nisse der Gefangenen, die ich sah, durchaus günstige. Für
das, was über das Nothwendigste hinausgeht, sind sie auf
die Gaben der Freunde von außerhalb angewiesen und
diese sollen, wie mir berichtet wurde, recht reichlich fließen;
denn der Türke sucht die Gelegenheit zur Wohlthätigkeit
mit Eifer.

Auch Waffen werden fleißig von Besuchern herein=
geschmuggelt.

Wie in allen Gefängnissen ohne Beschäftigung und
mit laxer Disziplin sind die Sträflinge unter sich organisirt,
sie gehorchen den Kameraden, die das Regiment an sich
gezogen haben, widerspruchlos. Gegen diese Autorität ist

der Widerstand unmöglich; es kommt vor — so wurde mir nicht unglaubhaft berichtet — daß die Wärter am Morgen beim Oeffnen der Schlafsäle einen Todten finden. Vergeblich, danach zu fragen, wie er zu Tode gekommen — Niemand würde es sagen — war es im regelmäßigen Kampfe? war es die Vollstreckung des Urtheils des Vehmgerichts, das hier berufungslos waltet?

Die Zustände erinnern im Ganzen und Großen an die der süditalienischen Gefängnisse vor der Annektion.

Auch „mein“ Mörder erschien dann auf der Bild= fläche. Er trägt den gut westfälischen Namen Brinkmann und steht unter deutschem Schutz. Damit enden aber auch seine deutschen Beziehungen; von unserer Sprache ver= steht er kein Wort. Er hatte einen still traurigen Aus= druck, nichts von jener scheinheiligen Unterwürfigkeit und den Blick gleich dem eines geprügelten bösartigen Hundes, der deutschen Strafgefangenen so oft eigen ist. Er erzählte seine Geschichte und der Gefängnißdirektor bestätigte sie.

Vor zehn Jahren hat er in einem Café in Pera einen Nebenbuhler aus Eifersucht erstochen. Das Mäd= chen ist im Wahnsinn gestorben. Eine echt italienische Geschichte.

Im Uebrigen geht es dem Mann nicht schlimm; er hält eine der beliebtesten Kantinen im Gefängniß. Das Gespräch, das sich zwischen dem Gefängnißdirektor und dem Gefangenen entspann, hatte sogar einen heiter ge= selligen Anstrich. Alljährlich an seinem Geburtstage oder einem sonstigen feierlichen Anlaß pflegt der Sultan eine Anzahl Sträflinge zu begnadigen. Der Direktor ver= sprach, unseren Landsmann an die Spitze der nächsten zu diesem Zweck einzureichenden Liste zu setzen; er winkte uns dabei zu, so daß es wie eine Höflichkeit gegen uns herauskam. Das spielte sich ab gegenüber einer Ansammlung von Sträflingen und Wärtern, die schließlich unsere Gruppe umstanden und der Unterredung mit Interesse folgten.

Eine gewisse lässige Menschlichkeit lag in Allem, was uns umgab, die uns nicht unangenehm berührte; Staaten kann man damit allerdings nicht zusammenhalten.

Wie ich den Direktor in so angenehmer Stimmung sah, rückte ich mit meiner eigentlichen Bitte heraus: ich möchte einmal einen hervorragenden anerkannten Räuber sehen. So einen Mann, wie den famosen Athanas, von dem in Berlin soviel die Rede sei, den man dort sogar auf das Theater gebracht hatte.

Ein Schatten zog über die Stirn des Direktors; wir hatten eine wunde Stelle berührt.

Es gab allerdings vor nicht langer Zeit einen solchen Räuber hier im Gefängniß, er hatte sich im Gegensatz zu dem anonym bleibenden „Räuber“ im Allgemeinen einen Namen gemacht. Mehemet Pechlevan, so hieß er, war bekannt und gefürchtet. In einem Wagen unter Bedeckung wurde er vom Gefängniß zum Strafrichter gebracht. In einer engen Gasse, die zum goldenen Horn hinabführt, gab Pechlevan dem neben dem Wagen gehenden Begleiter mit Riesenkraft eine Ohrfeige, daß dieser an die Wand taumelte, warf den Kutscher vom Bock, schwang sich selbst darauf, sauste mit dem Wagen nach dem Wasser, warf sich dort in ein Kaik und war entsprungen.

Die Geschichte mag sich wohl etwas anders zugetragen

haben, Geld und gute Freunde haben jedenfalls ihr gutes
Theil gethan. Nichtsdestoweniger mußte ich die Triftig=
keit des Grundes zugeben, aus dem mir der Direktor
den berühmten Räuber Mehemet Pechlevan nicht vor=
zeigen konnte — er war eben nicht mehr da.

Und so habe ich keinen Räuber gesehen! . . .

XIII.

Inspektor Bräsig in Kleinasien.

————

Pera, im Oktober.

Ein ehemaliger philosophischer Freund und Wider=
sacher, der mich hier aufsuchte — wen trifft man nicht in
Konstantinopel? — sah mir über die Schulter in das
Papier, just als ich die Ueberschrift niedergeschrieben hatte.

— Bräsig in Kleinasien! rief er entrüstet. Wie
können Sie wagen, dem Publikum so etwas zuzumuthen!
Bräsig war gar nicht in Kleinasien.

— Bis jetzt hat ihn allerdings Niemand dort ge=
sehen, erwiderte ich, selbst Fritz Reuter nicht, als er seine
Mecklenburger nach Konstantinopel brachte. Aber was
beweist das?

— So ist Ihre Ueberschrift eine Erschleichung . . .

— Meinetwegen.

— Sensationshascherei.

— Um so besser.

— Und wie wollen Sie diese Ungebühr rechtfertigen?
Wie wollen Sie nur einen Zusammenhang finden! Frei=
lich, ich weiß schon. Sie werden irgend etwas Beliebiges
sehen, dabei fällt Ihnen eine Geschichte ein, die natürlich
dazu paßt, wie eine Faust auf's Auge, und auf einmal

ist Inspektor Bräsig da, wie vom Himmel geschneit. Man kennt Euch Journalisten.

— Das heißt aus der Schule plaudern, Herr Philosoph. Hätten Sie mich übrigens meinen Satz nur zu Ende bringen lassen, so wären Sie und das Publikum schon etwas weiter. Ich wollte nämlich sagen: Inspektor Bräsig wäre der richtige Reisebegleiter in einem Lande wie Anatolien für Jemand, der wirklich sehen will. Denn einmal ist er sturmfrei gegen alle historischen Erinnerungen — um so mehr hat er die Augen für das offen, was ist. Eine große Sache in diesem Lande, wo einen immer das Gewesene überfluthet und man nicht weiß, wo man sich vor Geschichte hinretten soll. Dann aber wäre sein Rath unschätzbar in einem Bauern= und Hirtenland wie Anatolien, in das die europäische Kultur sich vorbereitet, ihren Einzug zu halten. Denn gegen das ganze Gepäck von Buchgelehrsamkeit, Autoritätenkram und Scheinwesen, mit dem unsere Kultur bekanntlich behaftet ist, ist er gefeit.

— Mit solchen tief kulturfeindlichen Wendungen wollen Sie sich einfach aus der Schlinge ziehen, rief der Philosoph. Inspektor Bräsig in Kleinasien haben Sie uns versprochen; so steht es klipp und klar zu lesen. Wo ist er, zeigen Sie ihn uns!

— Ich gäbe ja selbst etwas, wenn ich ihn zeigen könnte, so etwa, wie ihn Ludwig Pietsch in seinen Illustrationen zu Reuter photographisch treu getroffen hat. Vom Hutrande bis zur Stiefelsohle voll von witziger Bornirtheit, selbstgefälliger Bescheidenheit und gesundem Bauernverstand. Ich bin überzeugt, daß er besseren Rath geben könnte, als alle Gelehrte, agronomische und andere, die sich darüber die Köpfe zerbrechen, die Reformtürken natürlich eingeschlossen, denn diese vor allem sind nur mit Vorsicht zu genießen.

Zwar unten am Meer, bei den Weingärten der Kampagna von Skutari, den Olivenwäldern von Ismid, bei den Maulbeerpflanzungen des Saccariathals und des Sarasu hätte Bräsig wohl nur bedeutungsvoll die Augenbrauen gezogen. Seine heimischen „Tüften“ hätte er nur ganz sporadisch da gesehen, wo Tscherkessen wohnen. Aber auf dem Getreideboden der großen Hochebene bei Eskischehir und im Pursakthal, da wäre er auf seinem Platze. Wenn er sich den Bauern betrachtet hätte, sein Feld, sein Vieh und sein Geräthe, so wüßte er sicher das richtige Wort darüber zu sprechen . . .

Was hätte er wohl zur Wirthschaft des Bauern Omar in Kaya gesagt, einem kleinen Dorfe in der Nähe der phrygischen Königsgräber, bei dem wir übernachteten. Omars Betrieb ist heute nicht viel anders als er wohl schon vor vielen tausend Jahren an diesem Platze gewesen ist. In diesem an Eisenerz so reichen Land ist eisernes Geräth auch in der Landwirthschaft das rarste Stück. Dabei ist Omars Gehöfte eines der besten, die ich in Anatolien gesehen.

Die Erscheinung des Bauern Omar selbst hätte Bräsigen gewiß sympathisch berührt. Der Anzug von peinlichster Reinlichkeit. Ein weißes Tuch, turbanartig um den Kopf, eine kurze weiße Jacke, helle kurze Hosen mit Wadenstrümpfen, so trat er uns an der Grenze seines

Gehöftes entgegen, als wir Abends unvermuthet ange=
ritten kamen.

Ein reinlicheres Volk als den anatolischen Türken,
was seine Person betrifft, habe ich überhaupt nicht kennen
gelernt. Man muß sie nur im Bade sehen. Ein Kerl
kann mit geflickten alten Oberkleidern ankommen; hat er
sie abgelegt, so erstaunt man, wie weiß und zweifelsohne
die vielfachen Unterkleider sind. In Europa soll die
Sache oft umgekehrt liegen. Die Bäder, die Waschungen
sind ein wesentlicher Theil des Kultus der Moslems,
sicher nicht der schlechteste. Auch der gemeine Mann ge=
winnt damit eine Art von Respekt vor seinem körperlichen
Erscheinen, der noch etwas anderes ist als bloße Eitelkeit.

So kann man sich eine buntere, das Auge mehr er=
freuende Bauernschaar, als sie sich an Festtagen an den
Stationen der anatolischen Bahn zusammendrängt, kaum
wünschen. Von Sparen weiß der anatolische Türke über=
haupt nichts, seine Wohnung zu schmücken, daran denkt
er nicht; wozu soll er Geld aufheben? es würde ihm ja
doch in der einen oder der anderen Weise abgenommen.
Er verwendet sein Geld daher auf seinen Anzug und freut
sich daran als das große Kind, das er ist und bleibt ...

Omar ist ein untersetzter Mann, noch unter Mittel=
größe mit einer türkischen Hakennase und echt türkisch
verzwirbelten Beinen, die auch dem Stechtritt des Mi=
litärs einen so eigenen Anstrich geben. Um so etwas zu
Stande zu bringen, mußten Generationen von Männern
beim Setzen die Beine kauernd krümmen. Auch einen
Schnurrbart trägt Omar, obgleich ihm diese Tracht der
alten Sitte gemäß nicht mehr zukommt, denn er ist ver=

heirathet, daher ein Bartmann, das ist ein Mann mit Vollbart. Aber der Fortschritt ist nicht mehr aufzuhalten, das zeigt Omars wohlgepflegter und geretteter schwarzer Schnurrbart. Vielleicht gefällt er so seiner Frau besser.

Von den Frauen selbst freilich haben wir nichts gesehen. Nur glaubte ich an der geöffneten Thür der Oda mehrmals Gestalten hin und herschlüpfen zu sehen und am anderen Tag, als wir wegritten, stand eine in ihren Jamasch verhüllte Frauengestalt halbverborgen auf der Schwelle der Familienhütte . . .

Omars Wohnräume liegen, wie hier Gebrauch, etwa zwei Meter über der Bodenfläche. Das geschieht des schlimmen Feindes des Anatoliers, des Fiebers halber. Die Erfahrung hat ihn gelehrt, daß die fieberbringende Luftschicht in einer gewissen Bodenhöhe sich verhält, eine erhöhte Wohnstätte verhältnißmäßig sicherer ist.

Dieselbe Erscheinung macht sich um das ganze Mittel= meer geltend.

Dieses schönste Meer der Welt ist wie von einem Kranz von Fieberstätten eingefaßt. Die herrlichen Thäler von Carthagena und Valencia, die Ebromündung, die Küstenstriche von Savona und Pisa, die Maremmen, die pontinischen Sümpfe, Pästum, Calabrien, die albanesischen Küstenstriche, so viele Punkte Griechenlands, der syrischen und nordafrikanischen Gebiete leiden unter derselben Geißel wie die Thäler Anatoliens. Wer bekämpft und besiegt diesen Bacillus? . . .

Unser Wirth ist der vornehme Mann des Dorfes, der Edle, wenn sein Gehöft im Ganzen und Großen sich auch wenig von dem seiner Nachbarn unterscheidet. Aber seine Vorfahren waren Thalvögte, die mit obrigkeitlicher Gewalt ihr Gebiet regierten. Geblieben ist ihm aus dieser Stellung das Vorrecht, die Fremden, die in das Dorf kommen, zu empfangen und zu bewirthen.

So führte uns denn Omar in sein Gastgemach, das unter besonderem Dach etwas abseits von dem Familien=hause steht, ein Holzbau mit Lehm verschmiert; denn wir sind hier in der Gegend, wo es noch Waldungen giebt. Ein geräumiges, saalartiges Zimmer; um die Wände breite, niedrige mit Matten bedeckte Bänke, im Hinter=grund ein großer Kamin.

Jetzt erschien auch der Vater, untersetzt und haken=näsig wie der Sohn. Er hat die Herrschaft im Hause aufgegeben, wohnt im Auszugsstübchen und muß sich mit der zweiten Rolle begnügen.

Auf einem großen Tablet, das auf einen niederen Stuhl gesetzt wurde, brachte der jüngere Sohn des Hauses das Abendessen. Es war so schnell bei der Hand, daß es nicht besonders für uns bereitet worden sein konnte. Es bestand aus einer Suppe von Mehl und saurer Milch, aus Kebab, am Spieß gebratenen Stückchen Hammelfleisch, aus farcirtem Kraut, der unumgänglichen Reisspeise, dem Pillav, und in Zucker eingemachten Wein=trauben. Die Küchenabtheilung des Harems von Meister Omar war offenbar sehr leistungsfähig.

Das Brot in dünnen Fladen lag, wie bei uns die Servietten, zusammengefaltet am Rande des Tablets.

So kauerten wir, Fremdlinge, Kavalleristen und Diener inbegriffen, um das Tablet und erhoben die Hände zum lecker bereiteten Mahle. Unsere ganze Aus=

rüstung dazu bestand aus je einem hölzernen Löffel, den der höfliche Türke nach jedem Eintauchen in die Schüssel bescheiden auf das Tablet legt, um den Nachbarn den Zugriff zu erleichtern, und aus den fünf Fingern der rechten Hand. Die linke ist prinzipiell ausgeschlossen. Das Getränk aber war eitel Wasser. O Mohammed!

Ein gewaltiges Feuer war im Kamin entzündet, ohne Rücksicht darauf, daß der Abend brühwarm war.

— Omar Bey, so frug ich meinen Gastfreund, sprich, warum hast Du bei dieser Hitze ein solches Feuer gezündet? Geschmeichelt entgegnete dieser: Es geschieht der Unterhaltung wegen und um die Luft zu wechseln.

Es zeigte sich aber bald, daß das Kaminfeuer auch die Aufgabe hat, das Zimmer zu erleuchten, denn das kaukasische Petroleum, das bis Eskischehir hinauf schon bis in die Bauernhäuser vorgedrungen ist, hat den Weg nach diesen oberen Thälern noch nicht gefunden.

Und nun war auch der Augenblick gekommen, wo der Sitte gemäß die Freunde und Nachbarn erscheinen, um den Gastfreund und die Fremdlinge zu ehren. Sie erschienen schweigend und nahmen schweigend Platz; es war eine große Schaar, die sich dicht zusammen auf die Erde hockten.

Keine Hammelheerde kann sich dichter zusammendrängen, als es türkische Bauern thun, wenn sie auf der Erde hocken.

Unsere wenigen Habseligkeiten, die herumlagen, unsere Karten, Uhren, Kompaß, wurden herumgereicht, bestaunt, belacht, mit Anerkennung weiter gegeben und unsere bescheidenen Persönlichkeiten einer Kritik unter-

zogen, die, obgleich ich nichts davon verstehen konnte
jedenfalls die humoristische Derbheit hatte, die dem
größten aller Realisten, dem Bauer allenthalben eigen ist,
und deren klassischer Vertreter in der Literatur unser
Bräsig . . .

— Was hat in Teufels Namen, rief hier mein philo=
sophischer Widersacher, was hat Bräsig mit einem türki=
schen Bauern zu thun? Das ist eine Verquickung zweier
Standpunkte . . .

— Bauer ist Bauer, erwiderte ich, in Anatolien wie
in Mecklenburg, und wenn man von den Aeußerlichkeiten
absieht, so wird vielerlei Gleiches zu Tage treten müssen;
das bringt die Scholle mit sich und der Pflug . . .

Wie mich die Bauern in Kaya musterten, musterte
ich sie wieder und ich hatte den Vortheil über sie, daß
ihnen der volle Feuerschein vom Kamin her in das Ge=
sicht fiel.

Eine wahre Kopfausstellung.

Virchow hätte sie sich nicht besser wünschen können.
Und ich begann darüber nachzusinnen, welchen Stammes
und Geschlechtes wohl diese Männer seien, in einem Lande,
über das so viele Völkerfluthen weggegangen sind . . .

Keine geschriebene Urkunde giebt darüber Meldung,
in wenigen Generationen verwischt sich die Ueberlieferung.
Das Bekenntniß zum Islam kann nicht entscheidend sein,
denn den Islam hat hier die ganze Landbevölkerung an=
nehmen müssen, auch die türkische Sprache nicht, denn
selbst die Bürger in den Landstädten, die dem griechischen
Glauben treu geblieben sind, bedienen sich im Innern
Anatoliens des Türkischen bis in ihren Gottesdienst.

Aus der Erscheinung der Männer vor mir aber glaube ich, wenn ich sie recht betrachte, manches herauslesen zu können. Wie verschieden ist das Aussehen unseres unter= setzten hakennasigen Gastfreundes und seiner nächsten Sippe von den geraden regelmäßigen Gesichtern, den schlanken Gestalten der anderen Männer.

Und wie sollte es anders sein, als daß wir ein Mischvolk vor uns haben.

Mag man sich die türkischen Eroberer auch noch so zahlreich denken, sie waren doch zu wenige, um die uner= meßlichen Länderstriche zu bevölkern, die sie in rascher Folge eroberten. Auch in Anatolien haben sie sicher ge= sessen, wie in Spanien, in Gallien, in der Lombardei die germanischen Eroberer, als das Herren= und Kriegervolk, für das die eingeborene Bauerschaft das Land bestellt. Die unaufhörlichen Kriege aber, welche die osmanischen Sultane führten, mußten eine doppelte Folge haben; der türkischen Kriegerfamilien wurden immer weniger und der zu Sklaven gemachten fremden Bevölkerungen, welche die Türken, ihrem grausamen Brauch zu Folge, in ihr Land schleppten, wurden immer mehr.

Ist doch der Ansatz zu einer Aristokratie, der in Anatolien vorhanden war, fast vollständig erloschen, einen letzten Rest haben wir in unseren Gastfreunden vor uns.

Wie es mit der türkischen Kriegerkaste bereits im 16. Jahrhundert bestellt war, darüber redet am deutlichsten die Thatsache, daß die Sultane damals schon genöthigt waren, ihre Elitetruppen, die Janitscharen, aus zum Islam gepreßten Jünglingen der Slawenvölker des

Balkans herzustellen, ungleich männlichere und mehr kriegerische Stämme als die Anatolier. Konrad Dern=schwam, der um die Mitte des sechzehnten Jahrhunderts mit dem deutschen Gesandten Busbeck durch Anatolien zog, spricht sich darüber in seiner Reisebeschreibung, die uns Heinrich Kiepert zugänglich gemacht hat, sehr unverblümt aus. Denn dieser Konrad Dern=schwam, ein biederer Schwabe, ist offenbar ein Geistes=verwandter Bräsig's; er sieht hell aus den Augen und drückt sich klar und unzweideutig aus. „Die Türken," sagt Konrad Dernschwam von den Anatoliern, „sind ein gar elend weibisch Volk, haben kein Herz gegen die Persianer; wan die gefangenen und verleugneten Christen nit weren, als die Krabaten, Winden, Bosner und Ungern reudig, vermaledeiet ungezifrig volk, die erger und ver=zweifelter sind, als der Teuffel selbs, so wer der Turken mannheit gar nichts."

Nicht sehr höflich, dieser Schwab, gegen die slawischen Brüder!

Daß die Türken, welche das Abendland in Schrecken setzten und die Blüthe der europäischen Ritterschaft hin=mähten, andere Kerle gewesen sein müssen als das elend weibisch Volk, das Dernschwam in Anatolien sah, ist klar; auf die heutigen Bewohner paßt die Charakterisi=rung, wenn sie auch übertrieben ist, in ihrem Gesammt=charakter.

Ein Bauern= und Hirtenvolk, wie uns die alten Phryger beschrieben werden, die nie in der Weltgeschichte eine Rolle gespielt haben . . .

Eine Urkunde giebt es allerdings, die auf die

Stammesangehörigkeit des anatolischen Bauern hindeutet, wenn auch keine geschriebene. Das ist das landwirth= schaftliche Werkzeug, dessen er sich bedient. Vor Allem sein Pflug. Dieser Pflug ist heute gerade noch so, wie er sich auf den uralten Grabsteinen im Lande zeigte, die Konrad Dernschwam mit richtigem Instinkt als ungemein wichtige Ueberlieferungen in seiner Reisebeschreibung ab= gezeichnet hat. Ich zweifle auch gar nicht, daß man der= gleichen Steine auch heute noch auffinden kann. Der Pflug selbst aber ist ein Hakenpflug, fast ganz so, wie ihn in Mecklenburg noch Inspektor Bräsig . . . (Miß= vergnügtes Brummen meines Philosophen, das ich schon gar nicht mehr beachte.)

So fahre ich rasch fort: wie ihn in Mecklenburg noch Inspektor Bräsig im Gebrauch gehabt hat, ehe die neumodischen Pflüge aufkamen. Selbst mit den Kasten= pflügen verwandt, die noch hie und da von einem stand= haften Bauern in der Neumark geführt werden. Dieser anatolische Pflug aber ist einfachster Konstruktion, es ist ein Baum, der vorn auf dem an den Hörnern der Zug= thiere befestigten Joche ruht, hinten in einen hölzernen Haken ausgeht und aus einem in den Baum eingefugten Halter, mit welchem der Pflug regiert wird. Diesen Pflug, wie ihn Konrad Dernschwam abgezeichnet, habe ich auf Omars und seiner Nachbarn Höfen stehen sehen. Und wie dieser Pflug derselbe geblieben ist seit Tausenden von Jahren, so ist auch wohl das Volk im Ganzen und Großen dasselbe geblieben, das ihn regiert.

Die fremden Eroberer kommen und gehen,
Wir gehorchen, aber wir bleiben bestehen.

Auch der Barbier des Dorfes ist unter den Versammelten. Und wer weiß, wenn man genauer zusieht, ob er nicht der Ururenkel des Barbiers ist, der den König Midas bediente. Denn die Barbierprofession geht vom Vater auf den Sohn. . .

Uralt wie der Pflug des anatolischen Bauern ist auch seine weitere Ackerhantirung. Mit dem Pflug ritzt er den schweren Boden nur und zerkleinert ihn nicht, vertilgt nicht das Unkraut; so kann der Boden keinen genügenden Feuchtigkeitsvorrath bilden, um längerer Trockenheit zu widerstehen. Das Getreide wird auf dem Feld durch Ochsen ausgetreten, die Zerkleinerung des Strohs zu Häcksel geschieht vermittelst großer Holzschlitten, auf der unteren Seite mit scharfen Feuersteinen besetzt, die von Ochsen über das Stroh geschleift werden.

Die Landwirthschaft Omars von Kaya ist die beste, die ich auf der Hochebene zwischen Eskischehir und Angora sah. Er ist ein Dreispänner, hat gute Stallung für Rindvieh und Büffel, er bringt den Mist als Dünger auf seine Aecker. Sein Weizen, der im Raum unter dem Gastgemach lagert, ist dunkelgoldgelb, hart, halb durchscheinend, sehr schwer, wie ihn der Makkaronifabrikant und der Pester Müller sucht, aber mit Unkraut stark vermischt und deshalb keine marktgängige Waare. Omar hat fruchtbares Land, Wald und Wiese, und seine soziale Stellung schützt ihn vor den äußersten Drangsalirungen durch blutsaugerische Beamte.

Den Bau des Tabaks freilich, mit dem Anatolien die halbe Welt versorgen könnte, schränkt die Monopolgesellschaft nach Kräften ein; sie kann schon so des

Schmuggels nicht Herr werden, er fluthet nach allen Seiten über und in Jedermanns Haus ist unversteuerter Tabak. Die Verkaufspreise der Regie sind so hoch, daß für jeden Schmuggler eine gewaltige Prämie bleibt. Haussuchungen aber im Lande der Harems, das ist eine gefährliche Sache und es giebt Beispiele, daß die Weiber der Schmuggler den Kampf gegen eindringende Regiewächter aufgenommen und siegreich zu Ende geführt haben. . .

In anderen Strichen sieht es allerdings bei weitem weniger freundlich bei den Bauern aus, als bei den Bauern in Kaya.

So z. B. in Bedjes, wo wir gleichfalls übernachteten. Niedere Hütten von Lehm, in den Hügel hineingearbeitet, die platten Dächer mit Lehm überführt, in den Hütten Menschen und Vieh in einem Raum. Das Rindvieh klein, verkommen. „Kühe sollen das sein, würde Bräsig sagen, nein, Katzen sind es." Und das mitten in dem fruchtbarsten, humusreichsten Lande, von dem nur kleine Streifen angebaut sind! Für Schafe und Ziegen, den Hauptreichthum des dortigen Bauern, nur offene Schuppen, in denen sie während der harten Winter in Schaaren umkommen. Der Mist des Rindviehs freilich wird von der Dorfjugend auf das eifrigste gesammelt und auf die Dächer zum Trocknen gebreitet — hier in der holzlosen Gegend das einzige Heizmaterial.

Die Menschen aber haben sich frisch gehalten. Das lehrt der Augenschein: es fehlt ihnen für ihre Produkte nur zur Zeit an Absatz, für ihren Gewinn an Sicherheit, für ihre Fortbildung an Anregung.

Nunmehr aber soll die Anregung kommen — mit Macht. In Tschifteler im Saccariathal, nicht weit von diesen halben Troglodyten, hat der Sultan bei seinem Gestüt eine Musterwirthschaft errichten lassen, eine Muster= wirthschaft mit den allerneuesten, allerfeinsten, aller= subtilsten landwirthschaftlichen Maschinen, mit erstaun= lichen Pflügen, geistreichen Säemaschinen, Mähmaschinen, Dreschmaschinen, alles mit Dampfbetrieb. Mit welchem Hochgefühl schreitet man an der langen Reihe dieser Kunstwerke einher in einem großen, großen Schuppen — sie stehen natürlich im Schuppen.

Und hier sah ich denn auch wirklich und wahrhaftig Bräsig neben mir schreiten; er hatte sein feierlichstes und mokantestes Gesicht aufgesetzt; dann zog er die Hand, die er hinter dem Frackschoß getragen hatte, hervor, strich mit zwei Fingern über den Rand der nächsten Maschine, hielt die Finger vor den Mund, blies darauf — und ein dichtes zierliches Staubwölkchen ging davon aus und zog sich lustig im Sonnenschein in die Luft.

Da hing es, bis es sich ganz langsam zertheilte.

Jedenfalls, wenn Oberst Wahid Bey, der Direktor der Sache, den Blick bemerkt hätte, mit dem Bräsig seine Bewegung begleitete, hätte er ihm verständnißvoll zuge= lächelt. Denn der Oberst ist ein verständiger Mann und weiß, was gemacht werden kann und was nicht. Wenn aber von Konstantinopel aus eine Musterwirthschaft mit neuesten landwirthschaftlichen Maschinen befohlen wird, so muß dieselbe gemacht werden. Befehl ist Befehl.

Das Terrain, auf welchem der Oberst schaltet, gab er mir zu 130000 Hektaren an, theils Weide= und Sumpf=

und theils Ackerboden. Güter von dieser Ausdehnung giebt es mehr in Anatolien; sie stehen wohlfeil genug zum Verkauf. Namentlich mit dem Austrocknen des Sumpflandes beschäftigt Wahid Bey sich angelegentlich und erfolgreich, wenn er auch von einem europäischen Kulturtechniker noch manches zu lernen haben möchte. Die Hauptaufgabe des Obersten beruht in der obersten Leitung des Gestütes, das einen Bestand von vierzehn=hundert Pferden aufweisen soll. Man züchtet das ana=tolische Landpferd, dessen Blut durch europäische und thessalische Hengste verbessert wird.

Anatolien ist kein Land der Pferde, es ist auffallend arm daran; auch daraus könnte man schließen, daß das Reitervolk der Türken nur darüber hingefluthet ist. Als Zugvieh ist das Pferd fast gar nicht im Gebrauch und reiten thut nur der Vornehmere und der Tscherkesse. Das anatolische Pferd ist eine gemischte Race. Vom turk=manischen Pferd hat es die für seinen Körper allzulangen Beine und den übergroßen Kopf; weder die Schönheit noch die Eleganz des arabischen Pferdes besitzt es, aber dessen Gelehrigkeit; vom persischen Pferd hat es das leb=hafte Temperament. In der Kraft und Ausdauer im schwierigsten Bergterrain ist es beiden über. In der Art, den Schweif zu tragen, ähnelt es dem persischen Pferd. Das Gestüt zu Tschifteler ist übrigens im Wesent=lichen militärisches Pferdedepot, um im Kriegsfall einige Regimenter beritten zu machen. Ein ganzer Brigadestab liegt auf den einsamen Gehöften; die Mannschaften sind in Urlaub.

Der Anatolier reitet die Pferde auf Schritt und

Galopp zu. An die Stelle des Trabs sucht er eine Art Paßgang zu setzen; das geschieht durch gewaltsames Zurückhalten mit dem scharfen Zügel und dem gleichzeitigen Geben der Schärfe der Steigbügel. So zurückgehalten und vorwärtsgetrieben kann sich das Thier nicht mehr dem natürlichen Gange der Füße überlassen, es gewöhnt sich an eignes Wiegen des Körpers, das seine Bewegungen für den Reiter fast unmerkbar macht. Dafür werden die Pferde rasch hartmäulig. Nimmt man dazu, daß die Pferde viel zu jung in Gebrauch genommen werden, daß der Huf geradezu barbarisch mißhandelt wird, so begreift man, daß von Natur so ausdauernde Pferde so rasch ruinirt sind. Ueber den ganzen Huf wird nämlich eine eiserne Platte gelegt, die mit großen, tief eingetriebenen Nägeln befestigt wird. Hafer bekommen die Pferde nie zu sehen und Gerste nur, wenn sie ausnahmsweise angetrieben werden. Mit diesem landesüblichen Pferdeverderb sucht allerdings Oberst Wahid Bey so viel wie möglich zu brechen und Fritz Triddelfritz, der bekannte Pferdefreund . . .

Kaum hatte ich diesen Namen genannt, als mein Philosoph in jetzt überschäumender Entrüstung aufsprang.

— Also auch diesen Fritz Triddelfritz schleppen Sie herbei, diesen grünen Jungen, nicht zufrieden damit, daß Sie mich und Inspektor Bräsig hineingezerrt haben. Doch ich durchschaue Sie ganz; das alles geschieht nur, um Ihren trockenen landwirthschaftlichen Diskursen einen erheuchelten feuilletonistischen Schimmer zu geben.

— Und wo steckt denn dabei das Verbrechen? Das arme Publikum! wird es doch durch die Gelehrsamkeit

seiner Autoren genug gelangweilt, so kann man wenig=
stens versuchen, ihm die Pille etwas zu verzuckern. Im
Grunde aber wollte ich denen von meinen Landsleuten,
die sich überlegen, wie sie den neuerschlossenen Gebieten
Anatoliens in Handel oder Landwirthschaft beikommen
möchten, ein paar, wenn auch nur dürftige, Anhaltspunkte
geben.

Und Besseres kann ich ihnen dabei nicht verrathen,
als mit den Augen Bräsig's zu sehen. Denn er ist und
bleibt der Held des gesunden, praktischen Menschenver=
standes.

Und nur was vor diesem besteht, hat Dauer.

XIV.

Stambul und Anatolien.

Pera, 24. Oktober.

Das Osmanenthum von seinen bescheidenen An=
fängen, hatten wir, der anatolischen Bahn folgend, gleich=
sam stationenweise begleitet; so konnten wir Stambul
nicht verlassen, ohne den Höhepunkt, die kaiserliche Pracht
seiner Sultane nochmals zu bestaunen.

Zuerst den alten Hauptsitz der Türkenmacht, das alte
Serail.

So lange war es der Gegenstand des Grauens für
das erschreckte Abendland gewesen, jetzt ist es zu sensa=
tioneller Romantik herabgeglitten, wie etwa das Heidel=
berger Schloß, bei dem man vergebens im Gesammt=
eindruck zu sondern versucht, was darin überwältigende
Schönheit der Landschaft, was romantische Reminiszenz
wirkt. Wie die scharfe Kante eines türkischen Steig=
bügels war diese Serailspitze einst in die Weichen Europas
gedrückt, daß es sich in Zorn und Entsetzen aufbäumte.

Im übrigen wie die Kremls der Russen — halb
Festung, halb Palast — die Wohnstätte einer Dynastie,
deren Wiege in den beweglichen Zeiten der Nomaden stand

und die im Anklang daran ihren Palast in Pavillons
auseinanderflatterte.

Wer das alte Serail besuchen will, muß das Schatz=
haus in einem Pavillon desselben in Kauf nehmen; es
wird mit ängstlicher Sorgfalt gehütet, nur ein spezieller
Befehl des Sultans öffnet es und ein Adjutant oder
Kammerherr des Sultans begleitet den Besucher. Außer
den persönlichen Andenken an die Sultane sind es haupt=
sächlich ihnen dargebrachte Huldigungen, welche die moder=
duftenden Schatzräume füllen, Prachtgewänder und Waffen.
Was für Kopfzerbrechen muß seit Jahrhunderten den
europäischen Souveränen die Frage gemacht haben: was
schenke ich dem Sultan? Sie sind dabei auf sonderbare
Dinge gefallen. Doch was ist dies ganze Schatzhaus
gegen die paar jüngst ausgegrabenen griechischen Sarko=
phage in dem Museum nächst dem Serail.

Sie, in Herstellung und Erhaltung einzig unver=
gleichlich.

Ein Wunder der Welt!

Und bemalt, ganz unzweifelhaft bemalt! Also ein
Beweis mehr, daß die Alten ihre Bildsäulen nicht
bemalten.

Denn die Ausnahme bestätigt die Regel, wie mir ein
weitbekannter Professor der Kunstgeschichte bestätigte, mit
dem ich die Sarkophage bestaunte.

Unter den Geschenken, die die Schatzkammer ver=
wahrt, befinden sich auch ein Dutzend schwarzwälder
Wanduhren. Was sollte der Sultan damit machen!

Mir fiel eine Geschichte ein, die von einem Geschenk
handelt, bei dem allerdings der Sultan der Geber war.

Ein oft genannter Pascha machte vor nicht langer Zeit dem Sultan seine Aufwartung. Da es für einen Pascha immer vortheilhafter ist, wenn man nicht allzuviel Reich=thum bei ihm vermuthet, so hatte der Fragliche seinen ältesten Dienstrock, Stambuline genannt, „angelegt", wie unsere Reporter dies ausdrücken. Der Sultan, der ein feiner Herr ist und der seinen Pascha jedenfalls durch=schaute, frug diesen theilnahmsvoll, warum er in der=maßen abgetragenem Gewand zu ihm komme. Der Pascha ergriff eifrig die Gelegenheit, den Sultan über die Be=drängtheit seiner Lage aufzuklären, die ihm kein besseres Kleid gestatte, und dabei auf Zulage anzuspielen. „Du verdienst Hilfe," sagte der Sultan, „sie soll Dir werden." Dankend verneigte sich der Begnadete. Als er nach seiner Stadt zurückgekehrt war, wurde ihm ein kaiserliches Ge=schenk angekündigt, ein großer, vielversprechender Pack traf ein. Erwartungsvoll umstand ihn der Pascha mit seinen Leuten. Wie der Pack geöffnet wurde, zeigten sich — zwanzig neue schwarze Stambulines . . .

Und die Stadt hatte etwas zum Lachen . . .

Das alte Serail hat etwas, was an Zelt und Lager erinnert. Auf seinen Höfen glaubt man noch den Schritt der gefürchteten Janitscharen zu vernehmen, hier, wo die Lebenskraft der Dynastie Osman's so erstaunlich auf=schäumte.

In den Prachtschlössern längs des Bosporus ist diese Kraft versiegt.

Durchzieht man die Räume des Riesenpalastes von Dolmabagatsche, so sieht man sich von derselben dummen Pracht umfangen, wie etwa in den Spielsälen von

Monaco, französischem Demimondegeschmack; dieser spuk=
hafte Prunk wird einem um so unheimlicher bei der
Erinnerung an die schreckliche Sultanstragödie Abdul
Azizs, des Erbauers . . .

Es ist ein Glück, daß auf dem Ufer gegenüber der
Wunderbau von Beglerbey sich in den Wassern des
Bosporus spiegelt; hier ist es dem Genie des Bau=
meisters endlich gelungen, das Märchen vom Orient in
Stein zu fassen.

Und dann der Selamlik — der feierliche Zug des
Sultans am Freitag aus seinem Palast, dem Jildis
Kiosk, zur gegenüberliegenden Moschee — ein Prunk=
aufzug, dem kein europäischer Hof etwas an die Seite
zu setzen hat, auf dem Hintergrund einer unvergleichlichen
Landschaft.

Unzähliges Volk hatte sich herbeigemacht und bedeckte
die Anfahrtstraßen und die emporsteigenden Hügel, um
auf diese Herrlichkeiten, wenn auch nur von ferne, einen
Blick zu erhaschen. Gleich hinter den rothen Fezen der
spalierbildenden Soldaten die weißen Schleier von ein
paar hundert Weibern, Frauen von ausgewanderten
Bosniaken, die beim Herannahen des Sultans eine in
goldenem Rahmen eingefaßte Bittschrift erhoben, der
Beherrscher der Gläubigen möge ihnen Heimstätten in
seinem Gebiete anweisen . . . .

Der Drill der Soldaten hat zweifellos in den letzten
Jahren große Fortschritte gemacht, das sieht auch der
Laie, und die Offiziere sehen europäischer aus. Wenn
ich aber der Rekrutenzüge gedenke, die ich in den letzten
Wochen in Anatolien begegnet, wie leicht und sicher die

Haltung der Burschen war, wie kleidsam und bequem, wie lustig und farbenfreudig ihr Anzug, und ich sehe, wie diese Soldaten in enge schlechtsitzende Uniformen ge= preßt, in mühseligem Gliederspiel Arme und Beine aus= renken, so muß das ja wohl so sein vom militärischen Standpunkt, ich konnte aber das Gefühl nicht loswerden, daß hier etwas nicht stimmt . . .

Jetzt besteigt der Sultan drüben an der Moschee zur Rückkehr in den Palast einen weißen arabischen Hengst, ein schöneres Thier habe ich nie gesehen. Und wie das Pferd federnd und tänzelnd dahinschreitet, so erhebt sich der Wunsch, der Sultan möge das herrliche Pferd wenden und hinausreiten, seinen Krückstock nieder= sausen lassen auf die Schultern fauler und diebischer Diener, die dem Landmann den besten Lohn seiner Mühe hinwegstehlen.

Und doch . . . es ist besser so, der Sultan bleibt in seinem Palast. Der Krückstock möchte am Ende den Falschen treffen. Es ist heute kein Platz mehr für Selbst= herrscher, selbst nicht in der Türkei; die Emanzipation des anatolischen Landmannes wird sich vollziehen auf Grund der Verbesserung seiner wirthschaftlichen Lage. Durch Aufgabe der Zehnt= und Naturalwirthschaft, durch munizipale Einrichtungen, die in That und Wahrheit eine Kontrolle des Beamten bilden. Für alles dieses ist der anatolische Bauer reif. Nach meiner Ansicht un= endlich viel reifer, als der durch den Branntwein demo= ralisirte russische Bauer.

Doch ist es Zeit, daß man den Bauern zu Hilfe kommt.

Einen welterfahrenen Herrn, einen hervorragenden deutsch-türkischen Würdenträger, habe ich hier eine gute Geschichte erzählen hören. Gute Geschichten darf man ja wohl nacherzählen. Die Geschichte führt auf den persischen Gesandten zurück, der sich mit der Erzählung derselben gegen das Andrängen einer Dame mit Wohlthätigkeits-konzertbilletten — einem Wurm, der nirgends stirbt — vertheidigte ... ehe er kapitulirte. Der Gesandte erzählte also, wie er auf seinem Landgut in Persien einen fetten Ochsen hatte, den er zum Schlächter schickte. Unterwegs aber riß der Ochse aus und flüchtete sich in ein Heiligthum. Die Mollahs erklärten, daß, nachdem der Ochse in einem so berühmten Heiligthum ein Asyl gesucht und gefunden habe, es gegen die Würde des Heiligthums gehe, das fromme und vertrauensvolle Thier auszuliefern; es müsse in den Händen der Priester verbleiben. Der Gesandte mußte sich fügen, aber er ärgerte sich bitter über die Priester und den ausgekniffenen Ochsen. Doch als er eines Tages seinen Ochsen wiedersah, verkehrte sich seine Bitterkeit in Erbarmen; der Ochse war vollständig kahl gerupft. Er war durch seine Flucht in das Asyl in den Geruch der Heiligkeit gekommen, Alles strömte herbei, ihn zu sehen, jeder Besucher glaubte, ihm einen Büschel Haare ausziehen zu dürfen, bis ihm von seinem Fell nichts mehr übrig geblieben war.

Der Gesandte allerdings, als ein höflicher Mann, ließ sich noch einmal rupfen, er nahm die Billete ..

Nur zu ähnlich ist bis jetzt die Lage des anatolischen Bauern, dem Jedermann im Vorbeigehen ein Büschel Haare ausreißt; seine Eigenschaft als frommer Türke machte ihn nur schutzloser als fremdländische Christen und belasteter als der militärfreie Rajah.

Wenn nicht alle Zeichen trügen, stehen wir jetzt in der That vor einer großen wirthschaftlichen Umwälzung in Anatolien.

Sie wird die unausbleibliche Folge der Heranziehung dieser von der Natur so gesegneten Gefilde in das europäische Wirthschafts= und Verkehrssystem mittelst der neuen Bahn sein. Dann wird es auch mit dem selbst= genügsamen Egoismus von Konstantinopel ein Ende haben, das jetzt noch auf das übrige Reich blickt wie Rom und nach ihm Byzanz auf die unterworfenen Pro= vinzen, die nur in Betracht kommen, soweit sie zahlen und Soldaten liefern.

Konstantinopel, das sich als Seestadt fühlt, hat mit Gleichgiltigkeit sich in die Binnenzölle gefunden, die den Verkehr der Provinzen mit ihm unterbanden. Für fünf= undzwanzig Millionen Mark Produkte, die nicht minder gut Anatolien liefern könnte, hat es bis jetzt Jahraus Jahrein vom Ausland bezogen. Der neue Handels= vertrag mit Deutschland stipulirt das Fallen der Binnen= zölle, eine der nothwendigsten wirthschaftlichen Reformen.

Die Eisenbahnaera in der Türkei, an deren Beginn wir stehen, geht indessen bezeichnenderweise nicht vom Handelsminister aus, vielmehr vom Seraskier, vom Kriegsminister. Was speziell türkisch Asien betrifft, so werden nach einem vom Generalstab ausgearbeiteten, vom Arbeitsministerium vervielfältigten Plane drei Hauptlinien geplant. Zwei davon nehmen ihren Ausgangspunkt in Konstantinopel beziehungsweise Haydarpascha und später

Skutari. Sie bewegen sich gemeinsam bis Eskischehir, trennen sich dort; die eine Linie geht über Angora, Kaiserieh, Malatia, Diarbkr, Bagdad nach Bassora am persischen Meerbusen; die andere Linie geht über Kutahia, Afium=Karahissar, Konia, Marasch, Ajutah, Aleppo, Damaskus nach Acca beziehungsweise Jerusalem und Jaffa. Im cilicisch=syrischen Winkel, Alexandrette gegenüber, soll ein Ausfuhrhafen angelegt und mit Diarbkr verbunden werden. Die dritte Hauptlinie geht von Samsum über Amasia, Siwas mit Anschluß an die Linie Kaiserieh=Bassora und mit einer Abzweigung von Siwas nach Erzerum.

Die strategische Wichtigkeit, ja Unerläßlichkeit dieser Linien lehrt ein Blick auf die Karte; es ist der Selbsterhaltungstrieb, der die türkische Regierung und den Sultan in eigener Person auf den Bau dieser Linien hindrängen und ungewöhnliche Opfer bringen läßt. Ein weiteres, hier weniger in Betracht kommendes Projekt, ist die Linie Panderma, Bergamo, im Anschluß an die in Smyrna mündende Kassababahn.

Es sind das im Ganzen zwischen sieben= und acht= tausend Kilometer Bahnlänge; die Pläne sind im Hinblick auf die Mittel der Türkei im Augenblick Zukunfts= musik. Man wird sehr zufrieden sein müssen, wenn in den nächsten Jahren die 2500 Kilometer Bahn, die der Generalstab als unaufschiebbar bezeichnet, fertiggestellt werden. Davon sind theils vollendet, theils im nächsten Herbst fertig die 570 Kilometer der Bahn von Haydar= pascha nach Angora, für welche die türkische Regierung der Gesellschaft der anatolischen Bahnen ein Bruttoerträgniß von 15000 Franken per Kilometer garantirt und durch Anweisung auf die Zehnterträge der durchschnittenen Gegenden sichergestellt hat.

Als ich in Angora war, wurde eine Regierungs=kommission angekündigt, welche die Linie Angora=Siwas und Kaisarieh feststellen und die Grundlage für neue Konzessionsverträge gewinnen soll.

Deutsches Kapital ist in hervorragender Weise in der anatolischen Eisenbahn engagirt. Es ist hier weder der Ort noch ist es meines Amtes, die Gewinnchancen dieses Unternehmens zu untersuchen. Die Berichte, die bis jetzt veröffentlicht werden, lauten günstig. Die Ergebnisse der ersten Betriebsperiode haben die Voranschläge erheb=lich hinter sich gelassen. Man konnte das theilweise auf die Aufstapelung von Gütern, namentlich von Getreide zurückführen, da dessen Transport bis zur Eröffnung der Theilstrecke zurückgestellt war. Da aber, so weit sich über=sehen läßt, das zweite Betriebsjahr wiederum höhere Ergebnisse aufweist, so darf man auf einen konstanten starken Verkehrsstrom schließen.

Ein abschließendes Urtheil ist allerdings erst möglich, wenn die ganze Linie bis Angora in Betrieb gestellt ist.

Jedenfalls scheint die anatolische Bahn den Beweis zu erbringen, daß von allen Arten, deutsches Kapital dem Ausland zuzuwenden — und darin liegen bekanntlich sehr bittere Erfahrungen vor — die für die deutschen In=teressen unvergleichlich beste Art die Anlage von Eisen=bahnen im Ausland unter deutscher Verwaltung ist. Von den Gesammtkosten kommen bei der anatolischen Bahn ungefähr siebzig Prozent der europäischen Industrie, vor

allem der deutschen zu Gut und dies Kapital wird vom
Ausland verzinst. So finde ich im Verzeichniß der Lie=
feranten der Bahn folgende Firmen aufgeführt: für
Schienen: Krupp in Essen; für Schienen und Schwellen:
Gutehoffnungshütte Oberhausen; für Klemmplättchen:
Funcke u. Hueck in Hagen, Union in Dortmund; erstere
auch für Federringe. Brücken hat u. A. die Maschinen=
fabrik Eßlingen geliefert, Weichen und Kreuzungen das
Grusonwerk in Buckau, Laternen A. Schultz in Berlin,
Brückenwagen Mohr u. Federhaff in Mannheim, Loko=
motiven und Güterwagen die Maschinenfabrik Eßlingen,
Telegraphenstangen Huldschinsky in Gleiwitz und Man=
nesmann in Remscheid. Ein solches Verzeichniß spricht
für sich selbst, es wird in allen Arbeitsstätten Deutsch=
lands verstanden; die deutsche Industrie kann mit Genug=
thuung auf ein ihr eröffnetes viel versprechendes Feld
blicken. Kaum weniger hoch schlage ich es an, daß es
auch deutscher Kraft, von der wir bekanntlich einen
Ueberschuß haben, möglich gemacht wird, in bleibender
Verbindung mit dem Vaterlande sich im Auslande zu
beschäftigen.

Welche Bedeutung es kulturell und politisch hat,
wenn die Eisenbahnen in einem so zukunftsreichen Lande,
wie Kleinasien, unter deutscher Leitung stehen, darüber
brauche ich mich nicht weiter auszulassen.

Deutschem Wesen und deutscher Industrie ist durch
die anatolische Bahn eine Gasse in ein altes, zu neuem
Leben erwachendes Kulturland geöffnet worden. Bleibt
dies Verdienst in erster Linie dem Reichstagsabgeordneten
und Bankdirektor Dr. Siemens, so wird es die Aufgabe

des deutschen Verkehrs sein, sich in der erworbenen Posi=
tion einzurichten und sie kräftig auszunützen. Der ana=
tolische Bauer hat die Christen bis jetzt hauptsächlich als
Wucherer und Genossen beutegieriger Beamten kennen
gelernt; möge er an den deutschen bessere Erfahrungen
machen. Bis jetzt kommt ihnen ein gutes Vorurtheil
entgegen.

Und auch der Uebergang von der Material= in die
Geldwirthschaft wird sich jetzt vollziehen müssen.

Die Grundsteuer wird in der Türkei bekanntlich
noch in der Form des Zehntens erhoben, der, nebenbei
gesagt, zwölf und ein halb Hunderttheile der Ernte be=
trägt. Unendliche Mißbräuche knüpfen sich an diese Ein=
richtung. Der Zehnten wird verpachtet und die Pächter
wissen die Schraube nur allzu kräftig anzuziehen; das
Getreide muß auf dem Felde bleiben, bis der Pächter
den Zehntenertrag abgenommen hat — man bedenke, was
alles an Chikanen in dieser Anordnung allein schon steckt!
Freilich bekommt der Pächter von dem Pascha einen
Beamten als Kontrolleur zugesellt; aber der Beamte be=
zahlt seine Stelle dem Pascha; zu seinen Auslagen muß
er doch mindestens kommen, darüber sind Pascha, Pächter
und Kontrolleur einig.

So wird der hungrige Kontrolleur dem breiten Rücken
des Bauern dazu aufgelastet.

Den Zehnten aber abschaffen zu wollen, ihn in eine
Geldsteuer verwandeln, wie dies in der famosen Note
Andrassy's vorgeschlagen war, daran kann heute noch
Niemand im Ernst denken; denn der Zehnten ist im
Koran bestimmt, also in der Türkei immer noch geheiligt.

Was indessen nicht auf direktem Weg geschehen kann, das könnte bei gutem Willen auf indirektem Weg geschehen. Es bedürfte dazu nur, daß die Zehentpflichtigen selbst den Zehnten pachten; sie könnten der Regierung mindestens dieselben Beträge leisten wie die jetzigen Pächter. Nur müßte man ihnen dabei mit Organisation und Kapital zu Hülfe kommen.

Hier wäre der Platz für eine Agrarbank. Sicher würde dieselbe die Unterstützung der Bahngesellschaft finden. Denn diese ist schon durch ihr eigenes Interesse darauf hingewiesen, den Bauer zu schonen und zum Anbau zu ermuntern, er ist ja der beste Kunde der Bahn. Weiter aber ist die Bahn für die Zinsgarantie auf den Ertrag des Zehnten angewiesen, muß ihn also auf einer gewissen Höhe zu erhalten wissen. Die anatolische Land= wirthschaft arbeitet unter eigenen Verhältnissen. Die fast vollständige Entwaldung des Landes, der Mangel oder die primitive Anlage von Bewässerungen setzt dies wasser= und quellenreichste Land in die periodische Gefahr des Mißwachses wegen Regenmangels. Die normalen Jahre gleichen allerdings mehr als aus, was das Defizit eines Mißjahres ist.

Hier muß ein Jahr in das andere gerechnet, aber auch die Einrichtungen müssen getroffen werden, die dies finanziell ermöglichen. Das würde gleichfalls eine der Aufgaben einer Agrarbank sein.

Wie alle Mißbräuche sich gegenseitig stützen und halten, so thun es glücklicherweise auch alle Verbesse= rungen. Eine andere Ordnung der Zehenterhebung würde

auch eine verbesserte kommunale Einrichtung, die An=
bahnung der Selbstverwaltung bedingen.

Hier liegt der Hebel für eine wirkliche Reform in
der Türkei! Wenn der Bahnbau in Anatolien dazu
helfen kann, daß dieser Hebel angesetzt wird, es wäre ein
Erfolg nicht allein für sie — für den ganzen deutschen
Namen.

Möge ein solcher Gedanke für den braven Kerl von
anatolischem Bauer mehr sein als — ein orientalischer
Traum . . .

Das Jahrhundert geht zur Neige; da ist es begreif=
lich, daß es Einen hie und da weltgeschichtlich anweht.

Und gerade an dieser Stelle des Mittelmeers.

Zu dem schönsten, was dieses herrliche Jahrhundert
geleistet, gehört das Wiedererwachen der Länder des
Mittelmeers. Wie im Zaubermärchen, wo die schlafenden
Prinzessinnen eine nach der anderen aufwachen, so haben
sich Spanien, Italien, Griechenland, die Balkangruppe
erhoben. Und jetzt ist die Reihe an Kleinasien gekommen.
Und ich meine, etwas von den ersten Regungen eines
neuen Daseins hätte ich in den letzten Wochen miterlebt.

Fragt man, wie diese modernen Wunder zu Stande
kommen, so melden sich alsbald die unserer Zeit eigenen
Ideen in ihren schimmernden, wolkenumflatterten Ge=
wändern. Aber vergeßt nur dabei nicht den gehetzten,
bepackten Gesellen, der mühselig auf der Erde dahinstapft,
nach Theer und dem Magazin riecht — den Welthandel.
Denn ohne diesen modernen Kaliban vermögen jene
leichtbeschwingten luftigen Wesen nichts Dauerndes zu

gestalten, ja sie sind an seinen Marsch gebannt. Mit seinem Athem, gleich dem Keuchen der Maschine, mit seinen Tritten, gleich dem Hämmern des Eisens ist er nun nach Kleinasien gelangt, stößt und rüttelt an ihm, bald hier bald dort ansetzend, er wird nicht ruhen, bis er das schöne Land in den großen Völkerreigen wieder eingereiht hat.

Nicht Kriegen und Zerstörungszügen, selbst nicht dem Festsetzen des Osmanenthums in Land und See beherrschende Stellungen war es gelungen, das Mittelmeer zu veröden. Doch als der große Weltverkehr nach Westen ablenkte, als gleichzeitig mit der Erschließung Amerikas der Seeweg nach Ostasien den Landverkehr trocken legte, da ward es stille in den Häfen des Mittelmeers und deren Hinterländern.

Von einer Welthandelsstraße im alten Sinne läßt sich heute nicht mehr sprechen, es ist ein Weltstraßennetz entstanden, das seine Maschen dichter und dichter um die Erde legt. Um so mehr war es Lebensfrage für alle Länder geworden, in dies Netz zu fallen. Die Durchstechung der Landenge von Suez war die rettende That für das Mittelmeer.

Jetzt ist das Problem gestellt, den ungeheuren asiatischen Kontinent auf den direkten Landwegen dem europäischen Verkehr anzugliedern. Engländer und Russen haben schon mit Macht eingesetzt, in Anatolien haben auch die Deutschen ein bescheidenes Theil gethan. Aber man darf sagen, daß sie auf einem der für die Zukunft wichtigsten, ja auf einem entscheidenden Platz arbeiten. Wie die Neutralität des Kanals von Suez eine Forderung der europäischen Gesammtpolitik, so ist auch die Freiheit und Unabhängigkeit Kleinasiens, der uralten Völkerbrücke zwischen Europa und Asien, und ihres Brückenkopfes Konstantinopel eine unbedingte europäische Nothwendigkeit.

Dieser Gedankenreihe konnte man sich vielleicht entziehen, so lange Anatolien für eine halbe Wüste galt. Aber jetzt helfen alle Sophismen nichts mehr, mit denen man sich die Wahrheit verbergen wollte. Mit jedem Schritt, den es in der Kulturentwicklung vorwärts thut, muß auch die politische und strategische Bedeutung eines Landes sich steigern, das, zwischen drei Kontinenten gelegen, man kann sagen, den Mittelpunkt der alten Welt darstellt . . .

XV.

Epilog im Grunewald.

. . . Ich war mit Zusammenstellung meiner Reise=
berichte zum Gesammtabdruck beschäftigt.

Da mußte mir, der ich die Fahrt selbst ohne alles
und jedes Abenteuer zurückgelegt hatte, so glatt wie eine
Reise moderner Zeit nur verlaufen kann — es mußte
mir zum Schluß noch etwas ganz besonderes passiren.

Und zwar in meinem heimischen Grunewald . . .

Geht man durch die Berliner Vororte und betrachtet
die kleinen Häuschen, die dort zerstreut liegen, so bildet
man sich gar nicht ein, was für wunderliches Volk darin
hausen mag. Schon ihre Art zu wohnen zeigt an, daß
sie außerhalb des großen Haufens gehen, nur in ihrem
eigenen Dunstkreis existiren mögen.

So gestern in Schmargendorf.

Ich hatte von einem Freunde an einen Herrn, der
dort wohnt, einen Auftrag, den ich der Natur der Sache
nach nur persönlich ausrichten konnte. Der Herr hatte
ein schmales, nervöses Gesicht, er ging über das Geschäft=

liche rasch weg. Ich rühmte ihm die gute Luft Schmargen=
dorfs, die Ruhe, die er hier genieße. Er seufzte.

— Man sollte nicht denken, wie voll die Welt ist,
sagte er.

Ehe ich mich versah, war die Sprache auf den
Spiritismus gebracht worden. Die „Sphynx", das Organ
der spiritistischen Gemeinde, stellte hier ihre Räthsel, sie
lag in zahlreichen Heften auf dem Tisch. Ob sie diese
Räthsel auch löst, weiß ich freilich nicht zu sagen.

Einige Damen, die zum Haushalt gehörten, kamen
hinzu. Die eine erzählte von dem neuesten Roman:
hypnotisch=spiritistische Suggestion. Der Held ist ein
doppelseitiges Wesen, in der ostensibeln Natur ein roher
Verbrecher, unter den Suggestionen, die ihm zu Theil
werden, ein Muster von Edelmuth. In letzterem Zustand
lernt ihn ein junges Mädchen kennen, verliebt sich —
und heirathet ihn.

Aber das Medium stirbt, das dem Helden den Edel=
muth in regelmäßigen Dosen zugeführt hatte. Die
bestialische Natur herrschte schrankenlos.

Unglückliches Mädchen! Verlorener Held!

Wird sich ein neues Medium finden, das sie aus
ihrem Jammer erlöst?

Eine andere Dame beschäftigte besonders sich mit
mir; sie frug mich über meine kleinasiatische Reise, von
der sie in der Zeitung gelesen hatte. Namentlich wollte
sie wissen, ob von den historischen Persönlichkeiten, auf
deren Spuren ich gewandelt, die eine oder die andere
einen besonderen Eindruck auf mich gemacht habe.

Ich bezeichnete ihr als solche den edelmüthigen König

Cröfus von Lydien. Der den anderen so klug rieth und so verkehrt für sich handelte. Den Kaiser Diokletian, der einen Garten voll Kohlköpfen der Herrschaft der Welt vorzog; den Sultan Osman, der von dem Reich, das er mit dem Schwerte seinem Stamm gewonnen, nichts für sich wollte als einen leinenen Kittel und ein Pferd.

Ich weiß nicht, wie ich gerade auf diese drei verfiel; aber meine Auswahl fand den Beifall der Dame. Sie verfolgte mich immerzu mit ihren leuchtenden Blicken, als wollte sie mir die letzten Schleier von der Seele ziehen; ich hätte beinah gesagt — herunterfengen.

Das spiritistische Gespräch, die heiße Luft und der Steinkohlendunst im Zimmer versetzten mich in eine Art Halbschlaf, in dem ich kaum noch hörte, was gesprochen wurde; ich bemerkte nur noch, daß die Dame mit ihrer rechten Hand eine Anzahl von Bewegungen in der Rich=tung meiner Augen machte . . .

Die Gesellschaft wurde mir doch unheimlich. Ich raffte mich zusammen und ging durch die klare Winter=nacht zu Hause. Wie ich dort ankam, hatte ich den ganzen Vorgang schnell wieder vergessen.

Ich öffnete das große Mittelfenster meines Zimmers und ließ die frische Schneeluft hereinströmen. Wie wohlig athmeten die Lungen darin. Draußen erhoben sich mast=baumhoch die schlanken Kiefern mit ihren Kronen, anzu=sehen wie ein gothischer Dom; glitzernd schienen die Sterne in den Zweigen zu hängen. Der Mond malte schwache Schatten aus den Kiefernzweigen in den Schnee.

Auf dem See unten hing eine leise Dunstwolke.

Wie ich dem Weben, dem Zusammen= und Aus=
einanderfließen dieser Wolke noch zuschaute, kam es mir
vor, als ob sich einige Ballen aussonderten und den
kleinen Hügel langsam hinauffederten, auf dessen Spitze
mein Häuschen steht.

Es war wirklich so.

Die Ballen oder wie ich sie nennen soll wanden sich
zwischen den Kieferstämmen durch; jetzt sah ich sie in
vollem Mondlicht — nun waren sie auf dem freien Platz
vor meinem Fenster.

Eben noch Wolkenbildungen, glaubte ich schon die
Umrisse menschlicher Gestalten in ihnen wahrzunehmen,
— dreier Gestalten; Farbentöne mischten sich hinein.
Das Ganze hob sich bis zur Höhe meines Fensters. Drei
Männer standen auf der Dunstwolke, wie auf einem
Podium mir gegenüber. Ich erkannte sie auch alsbald;
nicht einen Augenblick war ich im Zweifel, wer sie seien;
ja mir war, als ob ich sie erwartet hätte.

Der Eine trug einen purpurnen goldgestickten Leib=
rock, goldene Armbänder an den entblößten Armen, eine
Phrygermütze mit goldenem Reif auf dem Kopf, um den
Hals aber ein eisernes Band, wohl von seinem Stand
auf dem Scheiterhaufen vor Cyrus her.

Der Zweite, mit dem glattrasirten viereckigen Gesicht
und der Römernase war mit einem Gewand von dunkler
Wolle angethan, das bis auf die Füße ging, er stützte
sich auf ein Grabscheit.

Der Dritte klein, breit, untersetzt; aus dichtem,
schwarzem Bart hob sich eine Nase, wie die eines Raub=
vogels; ein hoher Filz, turbanartig mit grünem Zeug

umwunden, war tief in das Gesicht gezogen. Ein Krumm=
säbel flimmerte an seiner Seite.

Sonderbarerweise empfand ich wohl Ehrfurcht vor
den Gestalten, aber nicht das geringste Grauen. Ja, ich
fühlte mich beinah wie ein berühmter Volksmann, der
eine Deputation seiner Wähler empfängt, die ihm eine
Bürgerkrone überreichen. Auf etwas ähnliches spannte
ich mich in der That. Aha! eine Deputation aus Kleinasien!
dachte ich — der Dank für meine schönen Berichte.
Möglicherweise, daß mich selbst der Gedanke an einen
lydischen Orden oder einen römischen byzantinischen Hof=
rathstitel durchzuckte.

Jedenfalls suchte ich meine Stimme zum Dolmetsch
meiner Empfindungen zu machen, als ich mit rednerischem
Nachdruck sagte:

— Willkommen König Crösus! Willkommen Kaiser
Diokletian! Willkommen Sultan Osman! Willkommen
Ihr Majestäten alle, im Grunewald!

Im Zweifel über ihre Rangordnung hatte ich sie
nach der Anciennität begrüßt.

Ich hielt einen Augenblick an . . . Auch kein Wort
ließ sich aus den Gestalten hören; nur eine Art Surren
und Singen, kaum zu unterscheiden von dem Rauschen
und Aechzen der Kiefernstämme im Nachtwind.

Ich fühlte, daß die Majestäten einige Aufmunterung
nöthig hätten.

— Es hat mich gefreut, sagte ich, aufrichtig gefreut,
daß ich zur Erneuerung Ihres Gedächtnisses in weiteren
Kreisen mein kleines Scherflein beitragen konnte. Denn
wie der Dichter sagt:

Von des Lebens Gütern allen
Ist der Ruhm das Höchste doch …

Da löste es sich aus den Gestalten mit einer dumpfen Cadenz, wie wenn der Stöpsel aus einer tiefverkorkten Flasche gezogen worden ist:

— Euer Dichter sprach, so tönte es aus der Gestalt Diokletians, von den Lebenden, nicht von den Gewesenen …

— Unser Ziel ist Ruhe, hauchte Osman.

— Ruhe und Vergessensein — klang es aus Crösus.

— Ich habe doch nur Anerkennendes von Ihnen berichtet, schob ich ein, durch diese Bemerkungen überrascht.

— Du hast den Lebendigen entzogen, was Du den Todten reichtest!

— Was suchtest Du auf den Trümmerstätten einer untergegangenen Welt?

— Was auf den Friedhöfen der Geschichte? So flüsterten die drei hintereinander.

Ich kann ihr Tönen nicht anders bezeichnen, als ein lautes Flüstern. Sie waren offenbar immer alle drei einig gegen mich und die Aussicht auf Orden und Hofrathstitel entschwand mir mehr und mehr.

— So sagt, Ihr Erhabenen, rief ich enttäuscht, was hätte ich thun sollen?

— Warum führtest Du Deine Leser, sagte Diokletian, so ausführlich in die Ruinen von Pessinunt und so oberflächlich in die Gärten von Ismid?

— Was suchtest Du bei den Derwischen von Sidi Ghasi, statt in die Seidenwebereien von Biledjik und

Söghüd, in die Seidenspinnereien des Saccariathales einzukehren, und wäre es nur um der schönen Griechen= mädchen, die dort spinnen und weben, säuselte Osman.

— Statt am Grabe des Midas hättest Du besser in den Weinkellereien von Erenköi Rast gemacht, betonte Crösus.

— O, erhabener König, erwiderte ich dem letzteren — denn seine Bemerkung traf mich am tiefsten — Du Freund Solons! trägst den Ruf der Weisheit nicht um= sonst.

— Weise für Andere, ein Narr für mich selbst!

— Das Loos aller Hochherzigen, rief ich.

— Aller Schlemiehle, seufzte der König.

Ich gestehe, der Vorwurf saß, allzutief in der Ge= schichte des durchzogenen Gebiets herumgewühlt zu haben. Ich hatte mir etwas ähnliches ja selbst gesagt, ja ich hätte es an Ort und Stelle gefühlt; aber das geheimniß= volle Band, das uns zu dem Gewesenen zieht, hatte mich übermannt.

— Ich will das nächste Mal versuchen, es besser zu machen, rief ich kleinlaut.

— Noch etwas, tönte es jetzt aus Diokletian. Wie ich über das Meer flatterte, tauchte Neptun aus der Fluth auf. Er sah ganz verstört aus. Er zeterte über Berlin; es ist ihm etwas sehr Unangenehmes hier be= gegnet.

— Das ist doch mindestens sehr undankbar von Neptun, erlaubte ich mir zu bemerken. Wir haben ihm eben erst ein Brunnendenkmal mitten in der Stadt auf dem ehrenvollsten Platz auf städtische Kosten gesetzt. Ganz Berlin C. ist seiner Ehre voll.

— Wenn es doch wieder etwas absolut Gewesenes sein mußte, murmelte Diokletian, habt Ihr denn keine heimischen Götter? Ist Euer Land so arm an Gestalten, hat denn Niemand auf Euerem Boden gelebt, daß Ihr den Alten, Fremden, Friedenbedürftigen aus der Ruhe, die er endlich erhoffte, aufschütteln mußtet? Beim Jupiter! Was geht Euch Neptun an?

— Ich verstehe die Herren immer weniger, sagte ich, mich nun endlich auch erbosend. Was wünschen Sie denn eigentlich? Sie waren Herrscher, Sie gehören der Geschichte an und Geschichte muß sein.

— Ja, wir waren Herrscher, flüsterte Cröfus. Dies Schicksal liegt schwer auf uns. Herrscher sein, heißt den Willen zum Leben von Tausenden, für Tausende und Millionen haben. Zum Nirwana streben alle, aber für uns ist der Weg der längste, schwerste; immer aufs Neue werden wir aus unserem Hinüberträumen in das Nichts durch Eure Erinnerungen, durch Euer Anrufen aufgestört. Wohl den Milliarden und Abermilliarden, die namenlos verklungen sind.

— Wohl ihnen! echoten Diokletian und Osman.

— Arme Geister, rief ich von tiefem Mitleid erfüllt. So sagt, was sollen wir thun.

— Laßt die Todten ihre Todten begraben, rief Diokletian. Gebt dem Leben, was dem Leben gehört. Ihr habt ja nichts als dies Bischen Zeit. So handelt und macht aus dieser Spanne Dasein, was Ihr daraus machen könnt. Ziehet Eure Eisenbahnen, bedeckt das

Land, das wir einst bewohnten, mit fruchtbringenden Ge=
filden, baut Fabriken, webt aus neubelebter Thätigkeit
auf allen Gebieten ein Gewand, hinter dem die Ver=
gangenheit verschwinden darf. Sie begehrt ja nichts
Besseres.

— So wäre ja mein Reisen und Schreiben vergeb=
lich gewesen, sagte ich betreten.

— Wenn eine Aehre in Zukunft mehr dort sproßt,
eine Schiene mehr gelegt wird, tönte der Kaiser, so ist
sie reichlich belohnt.

Ich verspreche, rief ich . . .

Aber ich hatte schon Niemand mehr gegenüber, dem
ich versprechen konnte.

Wie eine Wolkenbildung, so zogen sich die Gestalten
wieder auseinander; es ballte sich, es wallte zum See
hinunter.

Die Dunstmasse dort breitete sich aus und zog der
von oben herabrieselnden entgegen.

Jetzt hatten sie sich vereinigt . . .

Ich sah wieder nichts mehr als die riesigen Kiefern=
stämme, die kirchenartig emporragten und die Zeichen,
die der Mond mit den Schatten der rauschenden Zweige
in den Schnee schrieb . . .

Das Dreigespann war verschwunden.

Ich habe mich allenthalben herum befragt, bei
Doktoren und Nichtdoktoren, was das ist, was ich erlebt
habe. Denn daß ich es erlebt habe, lasse ich mir nicht
abdisputiren. Ist es mir suggerirt worden? habe ich ge=
träumt? oder ist es wirklich geschehen?

Ich weiß mir keinen Rath.

Ich könnte die Sphynx fragen, aber ich fürchte neue Räthsel.

— — — — — — — — — — — — —

— — — — — — — — — — — —

Oder war es am Ende doch der Wein von Erenköi, dem lieblichen Rebenort am Marmarameer, von dem der weise Cröfus gesprochen hatte.

Ich hatte an dem Abend eine kleine Sendung davon aus Konstantinopel bekommen und vielleicht ein paar Gläser zu rasch getrunken. Er schmeckte so voll und kräftig und doch wieder so harmlos — wahrhaftiges, rothes Traubenblut; er legte sich so einschmeichelnd warm um die Seele in der kalten Winternacht! Ich hätte ihm solche Tücken gar nicht zugetraut.

Und wenn wenigstens Bachus oder die tolle Schaar der Kybelepriester daraus entstiegen wären, so wollte ich noch gar nichts sagen.

Darauf hätte man schon eher gefaßt sein können.

Aber diese drei moralifirenden Könige!

Was hatten sie bei mir im Grunewald zu suchen, wo Gott sei Dank, das größte historische Ereigniß noch immer die Hubertusjagd ist! . . .

Jedenfalls hatten sie sich der Stimmung bemächtigt, der sich keiner so leicht entzieht, der aus Kleinasien zurück= gekehrt ist. Denn selbst der historische Schauplatz, den das ewige Rom darbietet, ist beschränkt gegen dies merk= würdigste und größte aller Welttheater. Und trotzig be= hauptet man daselbst am Ende das Recht der Lebenden.

Möge das Neue, das sich jetzt auf diesem mit Ge=

schichte überlasteten Boden vorbereitet, im Geiste unserer Zeit arbeiten, dessen letzter Ausdruck ist: Kultur und Friede.

Und möge es für die Bahn bald von Angora aus tönen:

Vorwärts! . . .

Additional material from *Auf Deutscher Bahn in Kleinasien,*
ISBN 978-3-662-33741-7, is available at http://extras.springer.com